文　景

Horizon

FALCON

隼

[英] 海伦·麦克唐纳 Helen Macdonald　著

万迎朗　王 萍　译

上海人民出版社

目　录

图 1　　　皮萨内诺，《年轻的隼》，约 1435 年，水彩画

2016 新版导言

您读这本书之前不必读过《以鹰之名》（*H is for Hawk*）。这两本书相互独立。但如果您已经读过，会在书中发现一些熟悉的内容。比如第 14 页照片中一位手持白色矛隼的人，正是我亲爱的朋友艾林。在我父亲去世后的冬天，在缅因州一个白雪皑皑的草坪上我们一起烧掉了一棵圣诞树。在这里你也会读到其他一些似曾相识的故事，它们被描述得更加详细，比如 J.A. 贝克（J.A.Baker），T.H. 怀特（T.H.White），纳粹之鹰和电影《坎特伯雷故事》的开场白。《隼》这本书对数千年来猎鹰和猛禽的文化历史进行了更深入的讨论，同时还对解剖学、生理学、狩猎策略、飞行力学和自然保护哲学与实践进行了思考。但从本质而言，本书与《以鹰之名》一样，都是关于我们如何以自然为镜，如何面对动物，而这在某种程度上也是面对自己以及面对我们所认为的自己。即使写了这本书，当我训练苍鹰时，我还是会陷入那种无意识的状态。那就是它的无形和强大。

《隼》这本书从何而来？回到 21 世纪初，我还在剑桥大学攻读博士学位，我没有完成学业，但我完成了本书。这真是万万未能想到，因为我自认为是位专注的学者。我爱我的大学和学院，我的城市；我喜欢每天早晨穿过绿树成荫的街道，步入世界上最伟大的图书馆之一，在古老书卷扬起的尘埃和杏仁香草的香味中，在围绕在身边的成堆报刊书籍中徜徉一整天。我心情愉悦地查阅参考资料，做着笔记，图书馆北翼这张桌子上方的屋顶瓦片上，鸽子们咕咕地聊着天。

我的论文是关于科学史的。具体说来是关于自然历史的科学史，以及我们如何与自然世界联系在一起。这也涉及我们如何在所认为的科学与非科学之间划出界限。这些边界比我们通常认为的更不严密。考察如何制定和管理它们，能告诉我们很多关于科学的本质，关于我们如何获取知识，以及关于我们自己。而我毕生对猛禽的痴迷促使我从 20 世纪开始就围绕它们的文化背景来研究这些问题：猛禽保护、驯隼、业余自然历史研究和观鸟。我认为这是一个理想的博士课题。这确实是。可问题是，我不是一名理想的博士生。

作为论文研究的一部分，我在爱达荷州世界猛禽中心的猎鹰档案馆待了几个月。这里保存的档案一应俱全，从中世纪的手稿到现代的初版书籍；从海豹皮大衣到赫尔曼·戈林曾收藏过的苍鹰标本。在档案馆馆长肯特·卡尼上校的大力协助下，我仔细研究了这些藏品，对发现的东西越来越着迷。这里保存着迷恋、神话，还有来自遥远文化的碎片和久违生活方式的信件；这些都来自那些人类的作品，他们将生命全情投入到自己以接近宗教的眼光看待的生物上。我身上不属于历史学者的那部分人格开始低语,告诉我这里面有些超凡的事情难以融入我的论文,这令我沮丧。不仅如此。我感到越来越悲哀,因为我在学术界邂逅了许多优雅而发人深省的、帮助我理解为什么我们以今天的方式看待自然界的理论和概念,但它们却没有广为流传。这可不应该,因为我们大多数人都不被允许进入那些写着和讨论这些东西的地方和论坛。我觉得很不公平。可现在仍然如此。

回到英国,我还在思考这个问题,在大学图书馆的茶室里,我邂逅了瑞科图书(Reaktion Books)的编辑乔纳森·伯特。他建议我编写此书。享受完一杯咖啡和一个三明治的时间之后,我告诉他我会的。而且我也的确做到了。我这本书不仅为历史学家和文化理论家而写,还是写给所有人的。我在家、图书馆、咖啡厅和火车上写作。我甚至在全家前往意大利度假时写作,在湖边一家旅馆里,在一张桌面粘满干番茄酱的摇摇晃晃的桌子上打字。我很高兴能把所有轶事和故事都写入这本书中——黑手党用淫威将一位驯隼人赶出纽约市,因为他的隼威胁到这帮人的赛鸽活动,还有羽扇舞明星,喷气式飞机驾驶员,宇航员和早期现代皇室的外交诡计——这些都不适合放进我的博士论文里。但放在这里却再合适不过。把事实、轶事和想象力编织在一起,通过我们与猎鹰的关系透镜，来讨论我们在这个世界上的地位，这是一项引人入胜的任务。

我之所以选择隼而不是鹰，正如我在《以鹰之名》一书中所说，它们都是我最爱和最熟悉的鸟，冷静、致命而美丽的空中猎手。隼不像苍鹰，尽管它们与这些强大和高度紧张的猛禽文化史密不可分。很奇怪，这本书出版后，我与一只苍鹰不期而遇，回想起来，这是一个复杂的偶然事件网的一部分，把我带到了梅布尔，我自己的苍鹰身边。

那是2006年秋天，在乌兹别克斯坦，就在我父亲去世前的几个月。我和其他一群野外工作者一起开着一辆俄罗斯吉普车，来到安集延省的锡尔达里亚河畔，河水在那里缓缓穿过白杨树林和羽毛般的灰色柽柳，绘出一个松散的圆环。搭好帐篷后，我就走到林间温暖的阳光下散步。四周宁静，不时有干枯的落叶拍打地面之声。我的脚踩在结着盐霜的泥地上嘎吱嘎吱作响，落叶间还不时蹿出蚱蜢和银色小蜥蜴。大约走了不到两公里，我来到一片空地上抬头仰望。刹那间我以为看见一名"男子"站立在树上。那是我大脑在那一瞬间的判断。一名穿着长外套的男子微微斜靠着。然后我意识到这不是一个人，而是一只苍鹰。这样的时刻充满了启发性。我以前没有太多这样思考过，人—鹰的联系实际也体现在外形上，这为我长期所研究的神话中的鹰—人联系带来启迪，而这些都在本书中有了描绘。我所描述的所有关于鹰和人类灵魂之间奇怪的象征性联系，都让人感觉其中隐藏着不同寻常的真相，由书本以外的东西锻造而成。我抬头望着树上的一只鹰，却看成了一个人。多奇怪啊。这只苍鹰距离在二十几米开外，在明亮的阳光中留下黑色的剪影，以致我看不清它是面对着我还是面对着河流。它那短小的头和弯弯的脖子伸长了：它正看着我。我尽可能慢地举起望远镜，眯上眼睛，这样我的睫毛就能阻挡一些强光。在那儿。它就在那儿。阳光还不太炫目。我能看清它的轮廓。光线依然很强。但我也能隐约看到它胸前羽毛形成的平行花纹。这是一只成年雄性苍鹰，它看起来和当地的大不相同。它有一个黑黑的脑袋，翕动着的苍白眉毛，胸前花纹线条紧密相连，和欧洲苍鹰粗而断裂的线条很不一样。想象一下，就好比借助尺子，用一支粗笔头的深灰色画笔在笔记本上绘制出平行格式线。这就是它站在我面前的样子，透过炫目的阳光。它站在一根光秃秃的树枝上，对我细细端详，我到底是谁，该拿它怎么办。慢慢地，它舒展开翅膀，好像披上外套，然后相当安静和悠闲地腾空而起，长腿和松弛的脚拖在身后。我惊讶地发现它的翅膀如此宽阔，看上去像一只拖着长尾巴的隼。它的外形和本地苍鹰很不同。这是一只迁徙而来的鹰，它穿越高山，飞过平原，来到这里，如同找到家园。

直到那个我和我的梅布尔相伴的灰暗之年，我才真正理解了我们将自然作为映照自我需求的镜子时，藏在内心深处的真相，而不是仅仅知道而已。但即便如此，在乌兹别克斯坦看到这只苍鹰，才是我启迪的开端，我才开始认识到从学术上理解与印入骨髓的感悟之间的天壤之别。那只迁徙的苍鹰，以及我在那瞬间的失神，使我把它看作一个人，而不是鸟——我想知道，现在，它是否是我在父亲死后与一只苍鹰相依为命的原因之一。我还想知道，如果我没有像写这本书时这样长时间致力于思考猛禽的含义，是否会拥有梅布尔。

　　在这些书页中翱翔的隼在人类文化中洒下光辉，正如它们对自身的生物学和行为学所做的贡献一样。我充满热情地认为，尽力去理解隐藏在我们曾经赋予而且正在持续赋予包括鹰隼在内的野生动物的含义的背后的一切至关重要。这是一个指导我们理解人类的思想和文化，以及社会历史、自然历史、艺术和科学复杂运作方式的教育课题。但其中最为重要，且当下比以往任何时候都更重要的是，我们必须长期而认真地思考，如何以其他视角观察自然界，以及如何与自然界互动。我们正在经历着第六次生物大灭绝，而这完全是人类一手造成的，包括栖息地丧失、气候变化、杀虫剂和除草剂对生态系统的化学污染，以及城市和农业的开发。将我们如何和为何以我们的方式去看待风景与生灵，我们如何重视

图 2   15 世纪中期波斯绘画辑中的一只矛隼，水粉画

图 3 　　"蓝天环绕"：游隼与跳伞员

它们以及为什么我们应该保护它们等问题联系起来——这些
问题的重要性远远超过了单纯的学术兴趣。这些问题的答案
关乎我们如何拯救世界。

前　言

　　1998 年，肯·富兰克林（Ken Franklin）训练了一只名叫非凡的雌性游隼，并让她跟着一名身着高速降落服自由下跳的跳伞员，从 4800 多米高空的飞机上跳下。高速摄影胶片的片段记录了多次俯冲的过程，发现她把头深深埋在翅间，脚缩拢在羽毛下，让身体形成如雨滴般完美的空气动力学形态。当时速达到 160 公里时，哪怕身体和翅展最细微的变化都会带来极大影响；她看上去正如富兰克林后来所描述的那样，紧紧收拢，形似木乃伊。可是，就在人们感觉她的速度已不能再快时，她又一次改变自己的姿势：一边肩膀向前耸出，从阻挡她前进的空气分子间穿过，以超过 320 公里的时速划破长空，把目瞪口呆的摄影师远远甩开。

　　隼是迄今为止速度最快的动物。我们为之兴奋，因为它显得比其他鸟类更高傲，浑身散发出危险、敏锐和天生的贵族气息。当然，这些都是我们自己形成的概念，根本不关隼什么事。它们虽然是一种真实的、活生生的动物，但却只能被人类透过所谓的文化眼镜（Kulturbrille）——人类学家弗朗茨·博厄斯（Franz Boas）所说的，依托个人文化背景来观察世界的一副心灵透镜——来审视。无论这隼是真实的，还是想象的，是透过望远镜看到的，还是嵌在美术馆的画框里的，是诗人笔下称颂的，还是作为猎鸟放飞着的；无论这隼是点缀在曼哈顿的窗口、绣在旗帜上、印在徽识上的，还是振翅高飞在废弃的极地雷达站的云层上空的，邂逅它们便是邂逅我们自己。

动物是意蕴无尽的人类意象素材库，以致有些现代批评家认为它们几乎全然存在于人类艺术表现的领域内。但隼不是为了容纳象征意义而被虚构出来的，它们活着，繁衍，飞行，猎食，呼吸。鸽子就不会和人一样，仅仅把隼看成容纳象征意义的空洞符号。作为一种活生生的动物，隼抑制、削弱，有时是拒绝人类附加给它们的意义。

肩宽体壮的隼一动不动地立于枯树或嶙峋的巨石上，成为一种毋庸置疑的、富于魅力的完形（gestalt）；当它起飞时，它在空中的力量和轻盈的姿态，在敏感的观者心中产生奇异的效用。对于隼的存在，20世纪50年代的自然类书籍作家肯尼思·里士满（W. Kenneth Richmond）感叹说，"我们也许应该意识到，与之相比，我们是劣等生物……恐怖与美丽，冷峻的银羽与火热的血液融于一身，造就了这个自然界的贵族，"他又保守地补充道，"至少对我来说似乎总是这样。"[1]观察隼令人上瘾不假，但若将其作为一种职业，隼的诱惑又何止如此。作家斯蒂芬·博迪奥（Stephen Bodio）认识一个养隼的人，他向来访的耶和华见证会的人展示他驯养的隼。"这就是我的信仰"，他骄傲地对那些人说。[2] 如此令人意想不到的虔诚和崇拜在 J.A. 贝克的《游隼》(*The Peregrine*) 里有着最为登峰造极的描述。这部自然史的经典著作是作者只身穿越英国东安格利亚的冬原，痴狂探寻野生游隼时所写下的日记。这是一部生态学领域的圣奥古斯丁《忏悔录》，或一次当今的"寻找圣杯"行动。本质上看，这些日记就是一场归向天恩的心灵之旅，是一个人在寻找上帝。其文风跳跃，文辞华美：贝克日复一日地寻觅着游隼，每次看到它，都对他异常重要。他找到游隼曾经逗留的蛛丝马迹——猎获物的残骸，几片羽毛。他忍受着旅途中的艰辛困苦，寻找合适的衣服、恰当的仪式和动作，让自己可以靠得近一些。幻化而出的鸟群直飞云霄，赋予静寂的土地以生命，他眼中这片天地的生机勃勃全然来自隼的力量。以谦卑的姿态，翼求隐身的作者写就了这些日记，他在每日的跋涉中见到的那些隼对他再熟悉不过，以至于把他当作了二者共同遨游的天地的一部分。在书的结尾，低垂的夜幕之下，神迹终于显现。那时贝克突然有种确信无疑的感觉，认为能在海岸地带看到游隼——在一个萧瑟的午夜，无法抵抗的内在召唤将他引至一片荒滩。在那里，他找到了隼。他慢慢地靠近，直到站立于它的身旁。它正栖息在一片荆棘上。它接受了他的存在，合

图 4   白色矛隼，数千年中最被推崇和广受欢迎的隼（中国人称之为海东青，在
        许多古代画作中均有其身影。——译者注）。野外生物学家艾林·高特（Erin
        Gott）正要放飞的这只雌隼是在一次关于隼迁徙的研究中捕获于格陵兰的
        海岸边

上眼睛继续睡去。贝克于愿已足。

  究竟是种什么样的动物，激发了人类如此多的情感？在第一章里，我将勾画出隼的生物学和生态学坐标；余下的章节再探索隼如何激起了人类对它如此强烈的反应，因为不管怎么说，它不过是一种鸟而已。

第一章　自然历史

隼科有六十多名成员，它们和其他白昼猎食的猛禽，如鹰（hawk）、雕（eagle）和鹫（vultrue），虽然在外形上有些相似，但或许只有较远的亲缘关系；有部分学者认为，隼和枭（owl）的关系更近些。隼的外观及习性多种多样。

从爱翻垃圾堆、叫声嘶哑并貌似秃鹫的卡拉鹰（caracara），到行为诡秘的热带丛林隼，它们所具有的相同特征，如鼻孔处的骨节和独特的换毛样式，是其同属隼家族的标志。在分类学上，隼科中"真正的隼"又被归入隼属（Falco）。它们形成于相对较近的年代，也就是大约距今七八百万年前。当时，气候变化新造就了几千万亩的热带草原和稀树草原。得益于这种开阔地形，生命形式快速、爆炸性地辐射开来。

隼属常常被分为四组：体形大、以昆虫为食的燕隼（hobby），体形小、专捕鸟类的灰背隼(merlin)，茶隼(kestrel)，以及还可细分为游隼（peregrine）和沙漠隼（desert falcon）的一组大型隼。这里要介绍的游隼和沙漠隼都能快速飞行，长着黑眼睛，是开阔天空中的活跃猎手。游隼专捕鸟类，沙漠隼还能猎食小型哺乳动物、爬行动物和昆虫。和很多猎食鸟类的猛禽一样，这两类隼都显示出反向雌雄二型性（RSD）：即雌鸟体形明显大于雄鸟。长期以来，进化生态学家们试图解释这种现象。也许雌鸟喜欢体形较小的雄鸟，因为它们对自己和幼鸟们威胁较小。或者，也许富攻击性的雄

图 5　　一只飞行中的幼年游隼，露出了长而尖的翅膀
　　　　和黑色脸颊，这都是隼属的典型特征

图 6　　成年游隼的面部特写。这只雌性野生隼正望向加拿大多伦
　　　　多一间办公室的窗户里

鸟愿意争得体形较大的雌鸟，因为它们拥有最好的捕食领地。还有一种理论认为，反向雌雄二型性有利于它们将食谱扩展得更广——雄性捕猎形体较小、行动敏捷的鸟类，雌鸟则对付形体更大、反应较慢的那些。但这种理论无法解释为什么是雌鸟，而非雄鸟，成为两者中较大的一方。英语中雄鹰一词是 tiercel，该词源于古法语 terçuel，它又是从拉丁语 tertius 演变而来，意为三分之一，指的就是雄鸟体形一般比雌性小三分之一。

西方科学家统计了这组大型隼中的十种，但它们之间确切的亲缘程度，以及具有特殊外形的隼是否应当被看作完整的种，或者仅仅是亚种，抑或是其他隼种的变种，这些都还是科学上的谜。人工饲养出杂交种并无助于解决这些难题，比如矛隼（gyrfalcon）和猎隼（saker falcon）的后代就完全有生育能力。不过也许有人会问，精确定义种到底有何意义？在我们忧心如何将隼分类之前，它们早已生存了几百万年。但是，这些分类学上的判断具有了解真实世界的意义。生态保护需要我们对要去保护的事物下个可靠定义；物种或其他细节必须在法律上有所界定。许多隼的种群数量受到栖息地缩小或直接伤害的威胁，但它们却可能在西方分类学中"漏网"，比如猎隼，这种动物在学界和民间的分类不一致就导致了明显的问题。西方科学家在猎隼下分出两到五个亚种。

图 7　　幼年游隼有带斑纹的腹部，从这幅 19 世纪早期
　　　　印度坦焦尔（Tanjore）风格的水彩画上可见一斑

而阿拉伯的驯隼人则按照大小、颜色和形态做出复杂的分类，如阿西加尔（ashgar，白色）、奥克塔尔（aukthar，绿色）、介鲁迪（jerudi，条纹）、忽尔夏米（hurr shami，红色）等等。在后苏联时代的俄罗斯，那些具有特定颜色和体形的阿拉伯隼在市场上被非法走私，其种群数量陷入了不均衡状态，但法律又不能为之提供更多保护，因为它们并不属于西方科学分类里的保护物种。

游 隼

肯尼思·里士满写道，游隼具有"完美的比例、精心修饰的外貌，勇敢而智慧，在空中显示出令人赞叹的技巧，在逐猎中更是无与伦比——拥有这一切的它是大自然的贵族"[1]。在这段描述中，隼仿佛更像是约翰·巴肯 * 笔下的英雄人物或"二战"中的王牌飞行员。这种热情洋溢的，将隼纳入贵族行列式的褒奖可谓由来已久。在伊朗和阿拉伯国家，游隼名为夏赫恩（Shaheen），波斯语中的"皇帝"。卡斯蒂利亚王国的大臣，中世纪的西班牙隼学专家洛佩斯·德·阿亚拉（Pero López de Ayala）认为游隼是"最高贵和最优秀的

---

* 约翰·巴肯（John Buchan，1875—1940），苏格兰小说家、政治家，著有《三十九级台阶》等惊险小说。——译者注，全书下同

猛禽，猎鸟中的国王和王子"[2]。700 年后，美国鸟类学家迪恩·阿马登（Dean Amadon）把关于体形的适应性和纯粹的赞叹古怪地结合在一起，他把这叫作隼的优美，并推测这必然是隼属高级进化的原因。游隼的名称来源于拉丁语 peregrinus，意为"巡游者"。如果我们用地缘政治学的角度来看，即以占据领地的范围大小来衡量物种的成功性，游隼是现存所有鸟类中最成功的一种。除了南极大陆、冰岛和一些大洋上的小岛，这种生物在所有大洲都有分布，并拥有多种形态。从羽色暗淡而胸颈部变白的智利游隼（F. p. cassini），到深色的马达加斯加游隼（F. p. radama），隼在颜色上变化多端。来自湿润和热带低纬度地区的游隼比来自干燥地区或北部地区的同类颜色更深，色彩也更多样。沙漠游隼中有来自北非、带蓝色小点、铁锈色、宽肩膀的拟游隼（F. pelegrinoides），也有栖息在伊朗与阿富汗山区的红颈游隼（F. p. bahylonicus）。在伊朗，这种红颈游隼被称为"山之皇"，与之相对的，则是冬天迁徙到伊朗海岸的北极游隼"海之皇"。

沙漠隼

为人所熟识的沙漠隼是最大，且给人印象最深的隼，它们是隼属中的一支亚族，羽毛华丽而柔软，一般栖息于干燥地带。其中的矛隼（F. rusticolus）是一种笨拙的大鸟。雌性

图 8　　带灰色条纹的矛隼尾羽

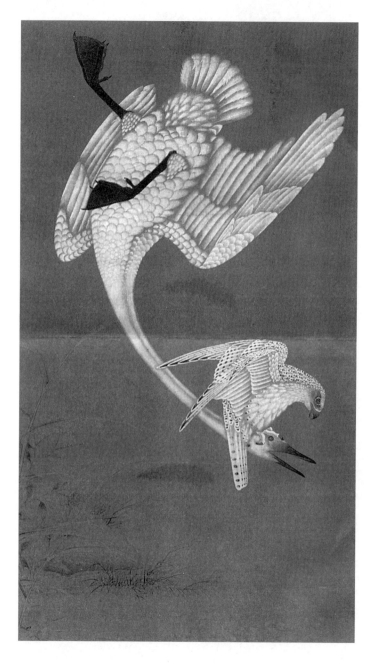

图 9　　　一只正在攻击小天鹅的白色矛隼，中国明代画家殷偕绘于丝绸画卷上

矛隼的体形接近小型雕。矛隼生活在北极和亚寒带地区。这里猎物稀缺，且水在一年大部分时间里都冻结成冰，然而它们极好地适应了如此恶劣的环境。矛隼拥有细密且厚实的羽毛，站定的时候，胸部下的长长绒毛甚至能覆盖整个脚面。它们享受着在初融的雪水中洗澡的乐趣。矛隼主要捕猎雷鸟、旅鼠和北极兔，但它们也会捕鱼，并啄食冰冻的尸体。

矛隼拥有多种毛色，这和它们的来源地不同有关。在北美北部地区，名为 obsoletus 的亚种几乎呈现为黑色，而灰色和银色的种类则分布广泛。在格陵兰北部和堪察加半岛，有着亮白色羽毛，并配以黑色条纹肩羽和翼羽的鸟被称为"白化隼"（candicans）。17 世纪，西班牙人把这种鸟称作"书记员"，因为它们背上的斑点很像钢笔留下的印记。矛隼的健美体形和美丽外表使它们在所有隼文化中都赢得很高地位；在中世纪的欧洲，矛隼经常被用于捕猎红鸢（Milvus milvus）和鹤（Grus grus）一类的大型飞禽。

今天，矛隼偶尔会被政府或石油公司作为礼物赠送给海湾国家的贵族，而在 11 世纪到 18 世纪，它们也是最贵重的外交礼物之一。1236 年，英格兰国王爱德华一世从挪威收到了八只灰隼和三只白隼。他立即把四只灰色矛隼送给卡斯蒂利亚国王，并为他不能送出白色矛隼致歉，因为他刚刚失去了自己的九只。矛隼也常常被用于外交谈判。1396 年，尼科波尔战役之后，法兰西国王查理六世将矛隼送给奥斯曼土耳其帝国苏丹一世巴耶赛特，以赎回战败的两位元帅，而勃艮第公爵则把十二只白色矛隼送给俘虏了他儿子内维尔公爵的土耳其人作为赎金。1930年，纳粹空军元帅赫尔曼·戈林计划把白色矛隼放养在德国的阿尔卑斯山区。他坚信，这种最大且最强有力的隼必须以其祖先生存的日耳曼为家园。至少这种生态学引种计划以意识形态为基础，听上去让人很不舒服。在画家伦茨·瓦勒（Renz Waller）笔下，戈林的白色矛隼沐浴在山区阳光之中，这恐怕就是纳粹主义的写照吧。

另一种沙漠隼，猎隼（F. cherrung），是阿拉伯驯隼术里的传统隼种。猎隼在秋天向东非的越冬地迁徙时会飞越阿拉伯地区，人们在此时设套捕捉它们。海湾地区游牧民族贝都因的驯隼者简单地按地名把它叫作萨库尔（saqur）。猎隼的巢分布在稀树草原以及东欧直到亚洲的开阔树林中。和矛隼一样，它们也发展出了多种形态。背部平整的褐色西部低地种群到了东部高地就变得体形更大，颜色更红，并富有条纹。不过这样的种群分布只是一个大致趋势；猎隼中有带斑点的，也有带条纹的，有棕色、灰色、橘红色的，还有几乎全黑以及在阳光照耀下呈白色的。阿尔泰隼（F. altaicus）来自俄国阿尔泰山区，黑色且形似矛隼，在蒙古语中被称为图鲁尔（Turul）。在印度和巴基斯坦地区，典型的沙漠隼是印度猎

图 10　　赫尔曼·戈林的白色矛隼，隼迷画家伦茨·瓦勒所绘油画

图 11　　猎隼，阿拉伯驯隼术中的传统种类

图 12　　19世纪画家约瑟夫·沃尔夫（Joseph Wolf）所绘的地中海隼的石版画：前面是一只成年隼，后面是一只（正在吃麻雀的）幼隼

隼（F. jugger），一种羽毛柔软，棕色及乳白色相间的猛禽，捕猎蜥蜴、鸟类和小型哺乳动物。在南欧和非洲干旱及半干旱地区，类似物种是铁蓝色和肉红色相间的地中海隼（F. biarmicus），它是专职猎鸟的能手。地中海隼常常在水坑边伏击沙漠小鸟，也因其乖巧的个性在驯隼者中享有盛名。16世纪的隼学家埃德蒙·伯特（Edmund Bert）曾吹嘘说，他所训练的苍鹰"和地中海隼一样友善而亲切"[3]。相反，北美草原隼（F. mexicanus）却是出了名的桀骜不驯，脾气相当暴躁。它们是美国西部平原和荒漠的居民，虽然表面上看起来和猎隼相似，且传统上也被归入沙漠隼类，但最新的遗传学分析认为，这种隼和游隼的亲缘关系更近些。

澳大利亚是多种很难被划入沙漠隼或游隼类的大型隼，如黑隼（F. subniger）和澳大利亚灰隼（F. hypoleucos）的家乡。其他澳洲隼，特别是鹰形的新西兰隼（F. novaseelandiae），都是通过进化，在鹰和秃鹫占据的地方夺得了立锥之地。和其他几种大型隼种一样，这些隼在本书后面篇幅中出现的机会较少，因为它们的文化历史没有我们之前讨论过的那几种隼丰富，也许因为它们与原住民的交流很遗憾地没有得以记录，或者它们根本就和人类交流甚少。比如，色泽丰富，鸟爪巨大并有橘红色前胸的南非隼（F. deiroleucos）就是这样一种神秘的隼种，部分原因在于生物学家很难在偏远的南非丛林

图 13　　新西兰南岛上的一只新西兰隼。这是唯一原生
　　　　　于新西兰的隼种，因栖息地被破坏，巢穴被泛
　　　　　滥成灾的负鼠袭击而濒危

中找到它们的栖息地。

做一只隼是什么感觉？

从哲学上看，对他人感同身受是不可信的，若是感受另一种动物的生活，那更是荒谬——然而无法否认这么做却充满吸引力。我们一般会从拟人的角度，认为隼体验到的世界和我们的大同小异，只是它们感觉更加敏锐而已。但有证据表明，隼的感观世界和我们的大相径庭，而更像蝙蝠或大黄蜂的。它们的高速感知器官和神经系统给予其极快的反应。隼的世界动起来比我们的快上十倍，一些我们只能看到轨迹的运动，例如蜻蜓振翅从眼前飞过，对隼而言则要慢上许多。人类大脑无法接受每秒超过 20 幅的画面，而隼能达到 70—80 幅，它们难以识别每秒播放 25 帧的电视画面。隼能比我们及时看到更密集出现的事物，这使它们能在全速飞行中张开利爪，在空中捕猎小鸟或蜻蜓。

当眼睛锁定某个目标时，隼会以特别的方式上下晃动头部数次，以此对目标进行三角测量，以运动视差探知距离。它们的视力令人惊叹。一只红隼可分辨出 18 米外一只两毫米大小的昆虫。这怎么可能呢？原因一方面在于隼的眼睛非常大，大到了其后部会在颅内相互挤压的程度。并且隼的视网膜血管化，从而避免了阴影或光散射；供给其视网膜细胞

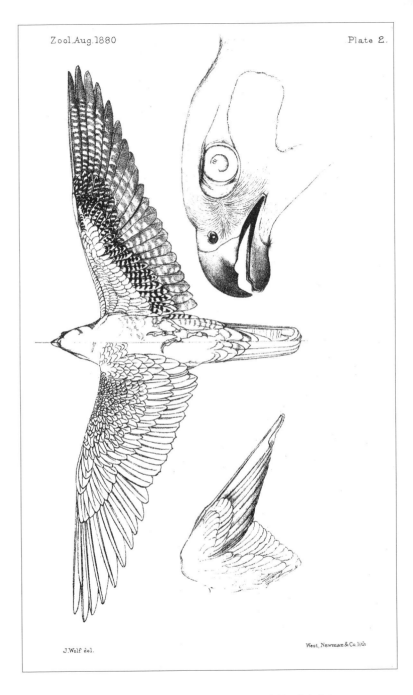

Plate 2.

J.Wolf del.

West, Newman & Co. lith

图14   游隼的结构，约瑟夫·沃尔夫绘制。注意喙上
的啮缘，用于咬断猎物的脖子

的营养物也不是经由血管运输，而是由一种突起的、褶皱状的粘胶质直接提供。隼的光感觉细胞，即视杆细胞和视锥细胞也分布得比我们紧密得多，特别是分辨颜色的视锥细胞。我们视网膜上最敏感的区域有大约三万个视锥细胞，而这些猛禽的视窝区域中有大约一百万个。还有，它们的每个视细胞都能在大脑中独立显示。和视锥细胞结合在一起的彩色油脂小滴被认为能增加对比度，以看破迷雾，或起到保护细胞免受紫外线辐射的作用。人类只有一个视网膜中心窝，隼则有两个。于是，同一目标形成的两幅图像聚焦在两个视网膜中心窝上，可以经由大脑融合产生真实的立体画面。在这两个视网膜中心窝之间，还贯穿有一条感受性较高的水平斑纹，即某种"模糊的视网膜中心窝"。这使得隼不需移动头部即可作水平扫描。隼不仅比人类看得更清楚，所见事物也与人类不同。我们相信隼能分辨偏振光，这对在云层中飞行时辨别方向非常有用。它们还能看见紫外线。总而言之，隼眼中的世界和我们的决然不同。人类有三种不同的光受体——红色、绿色和蓝色；我们看到的所有物体都是由这三种颜色构成。和其他鸟类一样，隼有四种。我们有三维彩色视觉，而它们是四维。这很难理解。鸟类视觉研究专家安迪·贝内特（Andy Bennett）博士认为，鸟类和人类视觉的区别类似于彩电与黑白电视之间的区别。用一个最直白的功能性术语概括，一只隼就是一台超级视觉装置，且安在了一架装备精良并拥有完美动力的飞行器上。

隼的喙也极其有力，被它啄伤过的人会极力证明这一点。其上腭的一个尖锐突起巧妙地嵌在下颚的一个凹痕中。这种"喙齿"是用来敲碎猎物脊椎骨的利器，这是一种实行"一击致命"*的有效方法，同时也避免了可能折断羽毛的地面搏斗。鸟喙的形状根据种类和性别而有所不同。游隼的喙随着纬度的降低而成比例增大。这种梯度变化的原因尚不明了，曾经有人认为这是为了适应捕食像鹦鹉这样的危险猎物而产生的适应性变化。无论如何，猎物的种类和鸟爪的形状有密切联系。以鸟类为猎物的品种，比如游隼和地中海隼，它们的腿相对较短，以减轻高速中撞击猎物而产生的影响，它们的趾则细而长。每根趾的底部都有凸起的疣状肉垫，能紧紧地贴合爪部紧握时形成的曲线，以便牢牢抓住猎物的羽毛。猎隼和矛隼有相对较细、较短的趾和较长的腿，以便更好地适应在雪堆、草丛或草原灌木丛中搜索哺乳类猎物。它们的趾有被称为"棘腱"的构造：一旦爪部开始收紧，不需要肌肉的作用，即能保持紧握状态，这对于要在飞行中抓住猎物

---

* 原文为法语 coup de grâce，指一下子杀死动物或敌兵，以减轻其痛苦。

或是在狂风中抓紧树枝的隼而言，简直是法宝。休息时，隼习惯于将一只脚收进羽毛里。这样人们便常常看不到它了。所以驯隼中心的访客经常会问，为什么这里有这么多的独脚隼。

隼的骨骼非常轻盈、坚固且适应飞行的需要。有些骨骼接合在一起。主要骨骼为中空，里面充满空气，并由骨质支撑加固。这种充气的骨骼连接到鸟的呼吸系统。这是真正的连接：如果翅膀或腿部遭受穿透性骨折，隼会通过断骨的末端呼吸。而占到一只游隼体重20%左右的大块肌肉则接连在胸骨，或者说是"龙骨"上，由高效的呼吸系统为其供应氧气。和我们的肺呼吸系统不同，隼的肺部可以让空气连续单向流过，并通过一系列九个薄壁气囊排出身体，这些气囊也有温度调节的作用。总而言之，隼的呼吸和循环系统远比我们的高效，虽然它们的代谢率比我们大很多，但呼吸效率却和我们接近。

和其他鸟类相比，隼的消化系统较短。因为肉食更易消化。隼不能消化羽毛和毛皮，这些将被暂存在嗉囊里，紧裹成小团，几个小时后从嘴里吐出。它们不常喝水，所需水分大部分通过猎物获得，其节水能力令人咋舌。隼的粪便——养隼者的行话称为"鹰白垩"——就是由排泄物残渣和尿酸结晶形成的白垩状悬浮物混合而成。隼能把血液中的尿酸浓

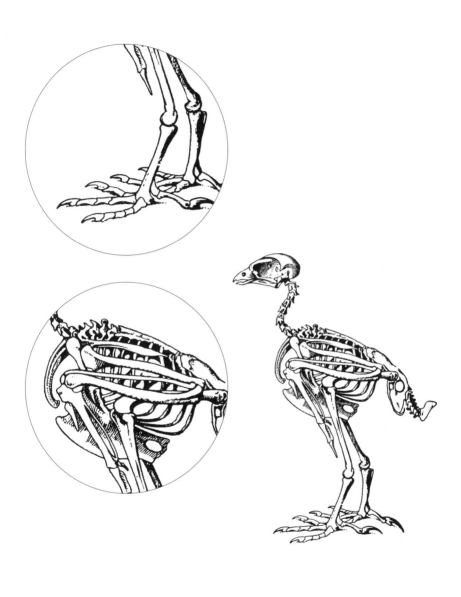

图 15　　游隼骨骼

缩 3000 倍，酸性足以腐蚀钢铁。

飞　行

那飞行呢？这可是隼最被赞美的特质。和羽翼区域相比，隼的身躯较重，飞行时的侧向外观不稳定而形成下反角，即"∧"形，这和鹰以及秃鹫翱翔时的 V 字形上反角相反。它们的翅膀有较高的长宽比——翼展长度和宽度的比例。它们的低弧度翼长而尖。这样的鸟翼构造能减少阻力，更适宜于灵敏的鼓翼飞行及高速滑翔，而不是高高的翱翔。但隼也能依靠拍击翅膀获得腾空动力，还能在向上的热气流或悬崖峭壁地形产生的上升气流中翱翔。隼从高高的巢穴或地面无法看清的高处，俯冲向猎物。隼的捕猎技巧甚至被编入"一战"和"二战"时期的战斗机飞行员教程——由于天空中缺少藏身之处，隼常常逆光俯冲而下；皇家空军的飞行员就采取和隼相同的做法，占据敌方机群上方的位置。隼还常常利用猎物的盲点，从其背后或下方悄无声息地接近，扑倒对方。类似地，皇家空军的飞行员们在法兰西战役中应用了"战机区域战术"，即在攻击前，先飞进单个目标轰炸机的盲区，也就是其后方 730 米，下方 30—60 米的区域。在接近地面猎物时，隼快速滑行，翅膀完全不动，形成最有利的俯冲形态。有时候它们也会施展骗术，模仿无攻击性鸟类的飞行姿

falcon

er falcon

egrine falcon

w Zealand falcon

图 16　　四个隼种的隼翼轮廓图。较细较长的翅膀更适合空中袭击；较宽较圆的翅膀则便于缓慢的巡航。由上而下：矛隼，猎隼，游隼，新西兰隼

图 17　　和栖息地固定的隼相比，长距离迁徙的隼容易有更细更长的翅膀。这只处于暗光面的猎隼正飞越巴基斯坦北部山脉

16

17

态以麻痹对手，从而发动突然袭击。一旦得手，猎物不是被抓上半空，就是被脚爪猛击。隼高速俯冲而下，常常将猎物一击致命。

在较为狭小的栖息地生活的隼，翅膀的长宽比较低且尾部较长，这种形态适合在障碍物丛生的环境中进行急转飞行。占据了鹰所留下的生态位的新西兰隼将这一外观特征体现得尤其明显。这种变种隼会跟着目标飞入树丛，甚至在丛林下层步行追踪猎物。与成年隼相比，幼隼的尾部较长，翅膀较宽，恰恰适于这些缺乏经验的菜鸟们学习捕猎：例如幼年猎隼，就能凭借这种特殊身体形态"停驻"或盘旋在啮齿动物聚居的草地上空。在幼隼第一次换毛之后，它们的尾翼变短，翅膀却长得更为细长，羽毛也更挺直、强健了。

隼的构造紧凑，飞行速度很快。矛隼的直线低空飞行速度可达每小时120多公里，游隼俯冲的速度甚至为此两倍不止。隼鼻部的骨质突起常被认为有助于在高速运动下呼吸，当然还有可能用于感知外界气流带来的温度和压力变化，以此测量空速。隼在尾翼根部有一对特别的骨头，这能增加其尾部强有力的压低肌的接触面积——这对捕猎中的急转弯和减速非常关键。这样的转身会给身体带来非同寻常的压力。生物统计学家万斯·塔克（Vance Tucker）曾把一个微型加速度测速仪安装在训练过的隼身上，测量隼在接近垂直下落后再突然向上攀升时产生的重力加速度（G值）。人类飞行员在6个G的条件下就会大脑及眼睛出血，完全丧失知觉。见证塔克实验的人们激动万分，他们看到隼将G值提到了25以上，加速度测量仪的量程都被打破了。在这样的G值下，一只质量为0.9公斤的隼，实际重量能达到27公斤。

秃鹫及其他低速盘旋的鸟类有着较为粗糙、松弛的体羽和顶端凹陷、充分铺展的初级飞羽，后者如同小型机翼一样，能适应低速飞行。但是，隼的羽毛有紧致的轮廓，使身体呈现光滑的流线型，以减少空气阻力。它们每年换毛一次，羽毛呈几种不同的形态：有长而硬且逐层变薄的飞羽、用来隔热的绒羽、覆盖身体使其平滑的廓羽；也有鸟喙及腊质膜附近，可使进食后的干血脱落的直立状鬃羽；还有那些肉眼难以分辨的毛发状的细长绒毛。它们都和飞羽相连，且神经末梢能充分供应到根部。人们认为这种感官摄入方式能使隼监控到翼展表面的空气流动，并以此精确调整飞行中的翼展形状。

隼为打理羽毛花费大量时间，它们的梳洗长久而频繁。梳妆中的隼会轻柔地啄尾翼上方的尾腺，把那里分泌的脂肪酸、油脂和腊啄起来涂抹到羽毛上，以增强防水能力。这些液体还含有维生素前体，能被阳光转化成维生素D，在下一次打理羽毛前被摄取吸收。至于羽毛的颜色，如黑、棕、橙、白，都是隼的典型色调。地中海隼、部分猎隼和大多数游隼背部呈蓝色。这种蓝在其他猎鸟猛禽中很常见，但尚无人能解释为什么如此。隼的特征性标志是：沿眼睛下方的颧骨处，由深色羽毛形成一道向下的条纹，在某些隼种中，这样的条纹浓密而宽阔，仿佛隼戴上了帽子，但在极个别种类中，这道纹却很浅甚至没有。看上去它就像是战斗纹饰，和美式足球运动员将眼睛下方涂成深色的作用一样。从浅蓝、灰白到亮橙，隼的腿部、腊膜以及眼睛周围的颜色变化多端。明亮的色彩也许和择偶行为有关，未成年隼裸露部位的颜色不这么明亮。一岁的隼身上也有条纹，但没有下腹部的横纹，且比成年隼更偏棕色或更加苍白。成年隼全身布有横纹且对比鲜明。这也许和领地信号有关。较为暗淡的色彩可以让幼隼在被喂养阶段结束，独自飞离而经过其他成年鸟领地时，不易引发冲突。

迁　徙

隼的迁徙如史诗一般。描述鸟类如何迁徙和为何迁徙的文字遍地皆是。当前研究发现，鸟类迁徙行为的进化与一种强有力的基因成分有关，不过，隼的迁徙常常是来自一个显而易见的外部因素：食物。在吉尔吉斯斯坦，夏末第一场雪落下之后，隼便从天山山脉的高处迁徙而下，跟随它们的猎物来到低处平原。落基山脉的草原隼则在夏季飞向海拔较高的地方，因为它们在低处的主要猎物汤氏黄鼠都为逃避炙热的高温躲进地洞里去了。生活在干旱地区的隼，如地中海隼，也会为了应对不稳定的食物来源而进行游牧式迁徙。到北极地区繁殖的隼，每个春季和秋季都要长途跋涉数千里，"跃过"那些生活在中纬度地区，由于一年到头都能找到食物而选择定居或半迁徙的鸟类。在格陵兰筑巢的游隼，冬天甚至会向南迁徙到秘鲁。西伯利亚游隼则下迁至阿富汗、巴基斯坦，甚至远至南非。

相反，在全年都能找到猎物的地区生活的隼倾向于定居。曼哈顿的城市游隼整年都能捕猎鸽子作为食物。英国的游隼在食物匮乏的冬季或许能以人类制作的食物果腹；北部沼泽地带的隼种还能靠捕食从传统比赛线路中经过的赛鸽过活，这常常让养鸽者们懊恼不已。在气候潮湿的加拿大不列颠哥伦比亚省夏洛特女王岛，游隼们以海鸟为食，在鸟类丰富的热带斯里兰卡地区，黑色游隼全年都不离开它们养育后代的领地。

隼迁徙时速度很快，有时候一天就能跨越陆地和海洋，前进近千里。13世纪神圣罗马帝国皇帝腓特烈二世的巨著《鹰猎的艺术》（*De arte venandi cum avibus*）中绘有一只伫立在航船桅杆上的游隼。矛隼和游隼即使在迁徙期间也会在航船上登陆。美国生物学家、驯隼人勒夫·梅雷迪思（Luff Meredith）上校在 20 世纪 30 年代一次跨越大西洋的航行中突然看到一只美丽的白色矛隼，那一刻他几乎难以相信自己的幸运：矛隼降落在甲板上，船员们立即抓住了它。梅雷迪思在驯隼术上的赫赫声名曾引得著名的羽扇舞明星萨利·兰德（Sally Rand）专程拜访，后者想求得一只隼，好用其羽毛做道具。她的要求当然被拒绝了。

显然，船并不是隼的理想居住地。但隼属的分布和特殊的地形并无联系：隼那特征鲜明的身影既可以出现在城市中心区，也可以出现在沙漠、极地冰盖，以及热带雨林的湿热空气中。大型隼在哺育季节之外常常是独居生物，不过也有些种类，如地中海隼，一年到头都合作捕食。干燥地区的地中海隼会聚集在猎物集中的水坑边，或可能分散成小组，捕食白蚁群。

育　儿

隼将哺育幼仔的季节正好选在猎物最充足的时期，以便幼隼成长和换毛时能捕捉到大量稚嫩的小型啮齿动物。每年年初，大多数温带地区和高纬度地区的隼从过冬地返回育雏地，赶在春季交配产卵。它们的育雏领地一般比独自生活时的过冬领地大得多，因为养育一个家庭必须捕获更多的猎物。

图 18　霍亨斯陶芬王朝的腓特烈二世所著《鹰
　　　猎的艺术》一书中的插图，一只隼停在
　　　船上。迁徙途中的隼会在船上歇脚

领地的大小和在周围环境中能捕猎到的猎物多少相关，比如草原隼的育雏领地可能少则 30、多则 400 平方公里。

　　隼的领地中通常有几个可供选择的巢穴，被年复一年地使用，它们或是峭壁上、崖穴里、河流陡岸上的那些裸露的岩缝，或是其他大型鸟类，如渡鸦和鹰的旧巢。隼自己不建巢。有些游隼种群在树上觅巢；美国田纳西州一现已灭绝的种群就曾以林中枯树的顶部为家。隼惯居的巢穴可能非常古老：格陵兰矛隼的巢穴就可以上溯到数千年前。加利福尼亚西北部的卡洛克族印第安人认为，被他们叫作 Aikbeich 或 Aikiren 的游隼是不死的，因为从无法追溯的年代起，就有成对的游隼在他们所称的 A'u'ich 山（白人称之为舒格洛夫山，M. Sugarloaf）的峰顶上安家。有一些英国游隼的巢穴从 12 世纪起就有被占据的记录；还有像兰迪岛（Lundy Island）上的一些巢穴，那里出来的幼隼经驯化后都以骁勇著称。这些有关"特殊"隼巢的记载也许隐藏着某些真相。游隼倾向于返回它们的成长地。这种强烈的归家冲动使得隼的属地遗传特征随着时间的推移而得到强化，并可能促成了种属的形成。

　　隼巢的分布并不均匀，当猎物非常充足时，领地性猛禽也会高密度地筑巢。比如在爱达荷州长达数公里的蛇河峡谷中——这段河谷因摩托车飞人艾维尔·科尼维尔（Evel

图 19 在著名鸟类及运动画家乔治·洛奇（George Lodge, 1860—1954）的这幅版画中，一只游隼正在将渡鸦驱逐出领地

图 20　　　隼不筑巢；有些隼种将卵产在突出的岩石上，还有些和
这只蒙古猎隼一样，利用渡鸦或秃鹰的旧巢

Knievel）的一次失败飞跃而闻名，大约每 650 米就有一对草原隼的巢穴。这些成双结对的隼在峡谷周边蒿属植物丛生的荒原中捕猎大量地鼠。而稀树草原和大草原上的猎物尽管多到足以养活许多隼，但巢穴地的缺乏却可能限制隼的种群数量。包括架设人造隼巢在内的环保手段在某些实例中取得了成功，然而有些隼并不需要这样的住所。蒙古地区就发现了猎隼的地面巢穴，而北极地区也有相当多的游隼在地面栖息。地面居住是危险游戏，会把鸟蛋和幼鸟暴露给食肉动物。隼和其他生物的共生关系由此得到发展。统计数字显示，在西伯利亚的泰梅尔半岛（Taymyr Peninsula），地面上易受攻击的游隼巢和红胸黑雁（Branta ruficollis）的聚集地明显接近。如果这些警惕的大雁发现北极狐或食肉鸟类，它们的报警信号能提起隼的注意，使其从空中俯冲下来驱走进犯者，这对隼和大雁双方都有利。

大型隼一般在两岁或之后开始孵育后代，但任何时候，种群中总有大量处于非繁殖期的成年鸟。矛隼在猎物旅鼠或雷鸟缺乏的年份可能根本就不产卵。隼通常是一夫一妻制，夫妻之外的交配很罕见。隼并不是用色彩艳丽的羽毛求偶，而是雄隼在可能安家的地方展示令人目眩的求偶飞行，有时雌隼也加入进来。雄鸟不仅要为雌鸟带来猎物，还要用优雅的低头示意及鸣叫来展示岩壁间的鸟巢，才能促成结合。产

图 21　　这幅观察入微的水粉画由芬兰画家埃罗·尼科
莱·耶内费尔特（Eero Nicolai Jarnefelt）绘于
1895 年。画中的幼年游隼，或者说雏鹰，左
边一只出于保护目的的"遮住"食物，另一只则
显示出讨食幼雏的典型弓背姿态

卵前每小时约两三次的频繁交配则进一步增强了这种结合。隼一窝会下三到五颗带锈色斑点的蛋，雌鸟用大约一个月时间孵化它们。这些幼鸟或者说"雏鹰"孵出的时候带有灰色或发白的细毛，一个来星期后则被较粗的羽毛所替代。等到幼隼锻炼翅膀和捕猎本能时，羽毛生长迅速，羽茎会向下分开。它们在巢里很爱玩耍，用爪子抓起木棒、石头和羽毛，低下头观察嗡嗡的苍蝇和远处的飞鸟，挑衅似的扑打兄弟姐妹们的翅膀和尾羽。约40天到50天大时，幼隼开始第一次跌跌撞撞的飞行，之后父母将从高处抛下半死不活的猎物，让幼隼练习捕捉，以此向它们传授空中捕猎的基本技巧。

幼隼长到四到六周时就开始自己捕杀猎物，并逐渐离开这片领地，此后它们的死亡率相对较高。大约60%的幼隼死于出生的第一年，主要因为饥饿。这一事实让许多把隼说成是现存最高效猎手的人们感到惊讶。当生物学并不能证实神话的时候——也就是说，当真实的动物不符合人类对它们的想象时，人们常常会出现类似反应。例如贝都因族的驯隼人，他们只看到过荒野中正在迁徙的隼，而从没见过哺育幼鸟的隼夫妇，于是想当然地给被捕获的隼安上性别：较大而强壮的是雄鸟，较小的是雌性。然而，我们自身的社会成见同样能强烈影响或暗中塑造我们对隼的科学理解。由于动物们承载着与不同文化相适应的不同价值观，随之而来的冲突导致了动物保护方面的分歧。隼是野性和自由的象征？是害鸟？是神圣的生物？是有经济价值的野生资源？抑或是代表大自然无边威力的、难以接近的、天赋神力的偶像？检视这些不同的象征意义具有现实含义。人们保护动物是因为人们认为它们有价值，而这些价值又与人类自身的社会和文化世界紧密相连。那些通过隼来表明和强化不同文化对世界的理解的图画和故事便成了神话，这将是我们下一章的主题。

· ·

CHAPTER 1　NATURE HISTORY

第二章　神话般的隼

图 22   鲍嘉和黑鸟：亨弗莱·鲍嘉和马耳他隼，他们的影子连在一起。
这是约翰·休斯顿 1941 年执导影片的海报照片

　　侦探汤姆·波尔豪斯（拿起隼雕像）问道："够沉的，
是什么？"

　　山姆·斯佩德："是……给人造梦的东西吧。"

　　波尔豪斯："哦？"

　　——电影《马耳他之鹰》(*The Maltese Falcon*，1941，
又译《枭巢喋血战》）结尾处的对白

CHAPTER 2　**MYTHICAL FALCONS**

52

1941 年 11 月一个雾蒙蒙的黎明，睡得很轻的美国鸟类保护专家罗莎莉·埃奇（Rosalie Edge）被城中鸟儿们警报般的哀鸣声惊醒。她从曼哈顿公寓的窗口望向中央公园。什么引起了这阵骚乱？还睡眼蒙眬的她意识到，公园里那尊看上去如同用一块岩石刻出的石隼并非雕像。它是活的。刹那间，时间静止了。她呆若木鸡。我的灵魂，她写道，"立即充分感受到"这位不可思议的现代世界的异族访客。她呼吸急促，难道是古埃及女神哈索尔的灵魂从大都会博物馆漫步而出，然后被日出所惊扰？不，是"时间重新开始于隼振翅划破长空之时……魔咒已被打破"[1]。

另一只古老的隼则在影星亨弗莱·鲍嘉、彼得·洛、悉尼·格林斯特里特，以及当年全美观众的身上施下了魔咒。在约翰·休斯顿（John Huston）的黑色电影 *《马耳他之鹰》的开始，一尊小型的黑色马耳他隼雕像在屏幕上投下昏暗的阴影。观众们通过滚屏文字读到了与其历史相关的最基本信息：

1539 年，马耳他的圣殿骑士团把一座从鸟嘴到鸟爪都

---

* 黑色电影（film noir），多指好莱坞侦探片，特别是以善恶划分不明确的道德观等为题材的电影。

镶嵌有稀世珍宝的黄金隼像作为贡品，献给西班牙国王查理五世……但海盗截获了这艘运载着无价之宝的帆船，于是这尊马耳他隼的命运直至今日仍是一个谜。

　　随着剧情的深入，马耳他隼却始终是个谜。它展现出影片中的人物——都是要么渴望它要么恐惧它的人——及其生活的世界，但它终究是一个静默无声的物件，无法揭示除自身之外的更多东西。同样地，拂晓时分中央公园的那次偶遇，除了向我们较多地讲述了作者本人以及她所生活的时代，展示出当时针对自然和历史的一些有趣看法，几乎没有告诉我们关于游隼的更多信息。"二战"时期的美国，隼似乎被视为神秘的象征，显示出一个奉行兽神崇拜和古老仪式的时代。但隼还承载了许多其他含义。在像埃奇这样的恋隼者看来，它们是被现代文明无情侵蚀的原始荒野的残存。对这段时期的隼的描写通常充斥了一种阴沉的浪漫主义色彩，正如许多同时代的人类学家通过他们的工作所展现的一样，他们将其所研究的文化看作是异域的、原始的、充满活力且最终随着历史的进程走向毁灭的。

　　隼可以是历史符号，也可以是野性自然的象征。回溯至1893年，一本畅销杂志曾将驯隼术这项古老运动描述为"对美国人的大众想象具有令人惊讶的掌控力"，因为一只隼佩

图 23　　隼作为中世纪黄金时代的标志：西蒙尼·马丁尼
于 14 世纪在阿西西的圣弗朗西斯科教堂创作的
壁画细节

戴头罩的形象"就像圣乔治和龙的故事一样，牢牢地植根在
大众脑海里"。[2]第二次世界大战则增强了隼重返中世纪辉煌
的黄金年代的能力。就在美国人越来越把自己看作是欧洲高
雅文化遗产的保护人，抵抗来自法西斯主义的黑暗势力威胁
之时，训练有素的隼频繁出现在好莱坞黄金时代所拍摄的有
关"二战"的史诗影片里。并且，作为全副武装的天然样本、

第二章　神话般的隼

55

飞行动力学的完美典范，战时的隼也被看作是军用战斗机的生物原型。隼的这一概念让军界着迷，国防系统甚至因此启用了真正的隼——正如第五章所述，还取得了不同的成效。事实很明显，隼神话可以承载现实世界的后果。许多美国人自身戴着一副文化眼镜，透过成见来观察自然，把隼纳入自己的道德体系：他们将其看成是杀死歌莺燕雀的贪婪凶手，是一旦出现在视野内就应该被消灭的敌人。

所有这些故事都是 20 世纪 40 年代美国东海岸的隼神话。其实，把它们称为神话有些奇怪，因为其中大部分直到今天还为人津津乐道。今天，隼仍然是野性自然的珍贵象征；它们也还是中世纪精神的优雅体现；尽管有些人因隼对其他鸟类的"残暴"行为而对它仍有所憎恨，美国的 F-16 战隼战斗机却在一片片天空中留下熟悉的剪影。正如人们常说的，神话永远不会以它们所是的样貌被承认，除非它们属于别人。

隼和公鸡

神话，进一步说，就是提升讲述者的影响与价值，把历史、文化中的意外事件变得自然、真实且不证自明的故事。它们将人类的观念维系在自然的根基上，从而让听众确信自己的观念像岩礁和石头一样自然。这个过程术语称为自然化（naturalization），即将自然作为事物"怎么样"的终极证明。

当然也可以是事物"应该怎样"：神话也具有社会规范的元素。很多时候这是显而易见的，比如柯尔克孜族有句谚语"怎么喂，乌鸦也成不了隼"，这就让不平等成了与生俱来的事实，而不仅仅是社会的偶然事件。在将讲述者的社会道德观自然化方面，寓言起的作用类似。但是，通过使读者参与神话创作的方式，让他们享受未曾阅读即解寓意的快意，寓言的规范力量暗地里得到了增长。托马斯·布拉吉（Thomas Blage）在 1519 年写下的动物寓言《隼和公鸡》（*Of the Falcon and the Cock*）就是从一只不肯飞回骑士手中的隼开始的。

一只公鸡看到了这些，竟有些暗自兴奋：为什么我还与虫子和尘土混迹在一起？难道我没有隼那样的高贵和美丽？只要主人把我举在手再喂上几片鲜肉，我也定将光彩熠熠。公鸡真的在主人手里光彩熠熠了，骑士（或许也有些歉意）非常开心地举起被杀死的公鸡，然后把它的肉亮给隼看，好让隼回到手里。隼看见了，很快飞了回来。[3]

布拉吉的道德大棒中包含着这样一条信息，即"让每个人都各司其职，让每个人都不越位去抬高自己"。他的寓言建立在将隼作为动物贵族这一传统且坚定的观念之上。高雅、强壮、独立、优越、拥有主宰他人生死的力量——这些都是隼，同样也是贵族阶层，千百年来呈现出的特征。因此，隼神话经常通过诉诸隼比其他鸟类更高等这一浅显"事实"来

第二章　神话般的隼

强化人类的社会阶级观念。

在现代早期的欧洲，人类世界和鸟类世界被认为是以同样方式组织起来的，是根据同样清晰的社会等级制度形成的。皇室位于人类社会等级的最顶端，猛禽则处在鸟类之首，且不同等级贵族的区别和不同种类鹰隼之间的区别相对应。15世纪出版的《圣阿尔班之书》*用一种淘气式的机巧描述了这种"贵族名谱"与"英国猛禽"的对应关系，而现代驯隼者却常常将其误读为一份规定"谁能放飞哪种隼"的名单了。

这是矛隼，一只雄矛隼。它属于国王。

这是苍鹰，一只雄苍鹰，它适合王子。

这是岩鹰，适合公爵。

这是游隼，适合伯爵。

还有雀鹰，这适合男爵。

这对雄猎隼和雌猎隼，它们适合骑士。

这对雄茶隼和雌茶隼，它们属于乡绅。

这是灰背隼，它适合贵妇。[4]

---

* 《圣阿尔班之书》(*The Boke of St Albans*)，由英国阿尔班出版社
(Alban Press) 在 15 世纪出版的一套八本图书，全部由讨论驯隼、
狩猎及纹章学的文章组成。

CHAPTER 2　MYTHICAL FALCONS

图 24　"这是矛隼……它属于国王。"国王斯蒂芬在他的宝座上喂
养一只白矛隼。摘自彼得·德·兰托夫特（Peter de Langtoft）
所著《英国编年史》

　　这个自然等级制度的存在无可辩驳，然而当某人拥有足
够的社会权威时，便能在一定范围内打破旧习。因此，卡斯
蒂利亚王国的大臣洛佩斯·德·阿亚拉宣称他偏爱高贵的游
隼胜过矛隼，因为后者好比有着粗糙的手（比喻其翅膀）及
短指头（比喻其主翼羽）的农奴。[5]

　　这些将隼等同于人类的概念说明，"文化眼镜"具有极
其强势的一面，人类用它去假设自然界的构造和他们自己生

活的社会完全一样。加利福尼亚州印第安原住民丘玛什族（Chumash）的神话认为，在人类之前，动物们占据着这个世界。其社会体系的构成正如丘玛什族那样：金雕是所有动物的首领，而隼是他的侄子。这样的类比看起来显而易见，但也可能藏得很深。有时候，这种类比的切实存在让人震惊，尤其是当它们在"客观的"科学中出现之时。可事实就是如此。而且，生态学家还会根据自己在社会中行事时的关注点，经常性地对猎食生态加以曲解。有时，将人类投射到自然界，就是从道德上、功用上，特别是从自然和社会应该维持各自稳定这一层面上，在猛禽和人类之间画上等号。这种类推的思维方式已达到让人担忧的程度。1959年，身为军人、间谍和博物学家的理查德·迈纳茨哈根（Richard Meinertzhagen）上校写道，猎鸟的作用在于淘汰弱者和不适应者，他坚持认为，如果没有猎鸟的存在，人们将发现"鸟类会衰弱到无法飞行并最终灭绝"[6]。在迈纳茨哈根看来，和平往往导致文明衰落。恐惧对于维持社会秩序是必需的。没有食肉猛禽的存在，"鸟类们也会变得和今天的人类一样粗俗、愚蠢、喋喋不休、拥挤不堪且快快不乐"。他写道："正像待在特拉法加广场上的鸽群一样，哪里有绝对的安全，哪里就没有恐慌。我非常想在特拉法加广场上放出六只雌苍鹰，然后亲眼看看那群患有结核病的鸽子做何反应。"[7] 或者正如迈纳茨哈根将猎食者围攻一群群"歇斯底里、变态、不负责任的"鸟类描述为"糟糕透顶的行为"时，至此，您无需阅读尼采便能领会这里的潜台词了。[8]

图腾和转换

上千年来，人们一直想拥有其文化中认为隼的固有品质——力量、野性、速度、精于猎捕等——为此而总在假借隼的身份。据考古发现的美国东南部祭礼样式，战士和猎人会给自己画上模仿游隼的红褐色"叉形眼"，希望能借此获得隼的敏锐眼力和狩猎能力。在欧洲青铜时代的墓葬遗址中，隼喙被埋在以隼羽为翎的箭矢旁边，据推测是希望使箭头沾染到隼飞行的速度、精确度和致命性。现如今，男人穿着有隼图案的 T 恤，女人戴上银色的隼形项链，孩子在参观动物园以后也会紧紧地握住一根隼换下的羽毛：所有这些都很相似，并非为了什么实效，而是渴望通过联系来拥有隼的一些特质。但如果想要像隼，并不需要任何法宝或乔装改扮：这样的象征性转换就能够被承认，比如用隼来给自己命名，或者通过隼来认定个人及社会身份。

20 世纪早期，人类学家习惯用"图腾崇拜"这个术语来描述特定家族、部落或群体强烈认同某一非人类事物，通常是某种动物的现象。他们写道，动物图腾的功能在于让一

图 25　　　这个漂亮且精确符合解剖学的铜质隼像来自大约公元 1—
　　　　　350 年，发现于俄亥俄州，靠近今天的奇利科西市的芒德
　　　　　城遗址群，是霍普韦尔文化的精美出土物

群人保持和另一群的不同，正如一种动物不同于另外一种一
样。例如，中亚的游牧民族奥斯族（Oghuz）就十分注意不
同猛禽在种类、年龄和性别上的差异，然后用它们作为 24

个部落的徽章或者标志＊；图鲁尔，即阿尔泰隼，则被当作匈奴王室的标志，并被绘制在匈奴的盾牌上。

像这样的认同又分为有政治意义和有实际用途两种。吉尔吉斯和哈萨克的养隼人能将隼赠予自己家族和部落的成员，但决不会送给其他人，因为这样做有可能削弱他们自身的力量。擒获敌人的隼有着重大象征意义，而将自己的隼送给敌人则是最明白无疑的投降信号。关于鞑靼可汗陶赫塔梅希（Tokhtamysh）的名隼传说能很好解释这一点。他的宿敌帖木儿（Tamerlane）试图偷窃可汗的隼蛋，因为他认为如果能自己养育雏鸟，便可从此拥有敌人的力量。帖木儿靠向卫兵行贿获取了鸟蛋。事实正是如此，这些雏鸟被其饲养后，可汗的力量被削减：他在下一次和帖木儿的战役中失利并逃亡。正是在这类观念的支持下，隼历史上长期被当作对外交流、政治协议和军事谈判的礼物，价值远远超出它的珍稀性，以及它作为狩猎鸟的实用性。

20 世纪末，人们对图腾的概念不再热衷，理由很充分：人类学家常常用它来强化他们的假定，即：与其自身所处的社会相比，有图腾崇拜的社会是"原始的"。但最近，由于

＊ 原文为 ongon，蒙古神话术语，指萨满教徒死后的精神，或这种精神的物理表现。

文化历史学家研究起了工业化社会如何表达个人、民族和团体观念的问题，图腾崇拜这一术语再度流行起来。隼能成为你的家庭、氏族、公司、国家，以及团队和个人品牌的共同代表。某些隼还成了国家徽章的一部分，例如，19世纪冰岛的国旗上绘有白色矛隼，阿拉伯联合酋长国的国旗、邮票和钞票上出现了猎隼。19世纪奥匈帝国创立的"索科尔"（Sokol，斯拉夫语里"隼"的意思）体育协会在两次世界大战期间成为强烈的民族主义组织，隼的民族认同和体育认同在这里合二为一。体育界中，隼图腾很常见。1960年代，一名教师在为亚特兰大橄榄球队命名的评选中胜出："亚特兰大之隼"正是她给出的建议。她合理地将橄榄球运动员和隼之间的对比推向一个可笑且令人愉悦的高度。"隼骄傲而尊贵，拥有了不起的勇气和战斗力。它从不放弃猎物。它一击致命，很好地承袭了运动精神。"她写道。9

最早将隼比作橄榄球运动员的概念也许把隼的象征功能延伸得有些过头，不过这个过程却无不妥；人们利用隼去将如此巨大的一整套概念自然化，以至于几乎无法判定哪些是真实的隼，哪些又是虚构的了。隼图腾往往具有更为宽广的连带意义。例如，来自坎布里亚郡的反偶像摇滚乐队"英国海力量"（British Sea Power）就是在隼的诱发下，打造了一种新浪漫主义的、带有鲜明田园风格的独特招牌：大量的绿色树

图 26　　美国空军学院的橄榄球队"战隼"，这张 20 世纪 50 年代的照片展示了他们活着的吉祥物。看上去，真正的男人不需要手套就能抓起隼

图 27　　"英国海力量"乐队的衣服绣章上有一只飞翔的游隼

图 28　　20 世纪 50 年代的美国，技术进入家庭：福特牌隼式轿车的广告

图 29　　荷鲁斯，最有名的隼神。这座来自公元前 800—公元前
　　　　700 年的青铜雕像原本是以下场景的一部分：埃及神明
　　　　中的两位，天神荷鲁斯和智慧之神托特，面对面站立，
　　　　在典礼中用水来让国王身心纯净

叶被用来装饰演出舞台，一只塑料游隼隐约浮现于音箱上方的烟雾中，这种氛围让人不由联想到像是美国越战片《野战排》遭遇了英国动画电视系列剧《动物远征队》*。

国际市场上也可零星见到这种满怀希望的转换，因为隼似乎能提供一大堆令全世界都喜爱的品质。千奇百怪的商品以隼为名。例如，雅达利公司（Atari）的战隼系列游戏机，隼牌自行车。日本铃木的游隼（Hayabusa）系列超级摩托车的广告片都是以一只落在其雕花车柄上的隼为主角。达索（Dassault）飞机公司的隼式商务喷气机，还有各式各样的公司也以隼为名，不管它们是销售鱼竿滑轮的，还是提供会计技能培训的。这种粗浅的公司象征意义转换策略被评论家们批得体无完肤。比如，《迈阿密前锋报》的幽默作家戴夫·巴里（Dave Barry）就将隼揶揄为"以赢得史上'最慢汽车'殊荣的福特牌隼式汽车命名的食肉猛禽"[10]。

神圣之隼

有些神化的隼则存在于一个远离自行车、飞机和对企业品牌渴望的世界里。卢浮宫里的某个基座上，有一尊隼头人

---

* 《动物远征队》（ *The Animals of Farthing Wood* ），英国作家达恩1979 年开始创作的儿童书籍，1993 年被改编为电视系列剧。

身的青铜雕像。他的这个姿态——双眼中空，双臂伸展，颈羽环绕——已经保持了三千年。这是古埃及神荷鲁斯（Horus）的化身。自从英国探险家霍华德·卡特（Howard Carter）打开图坦卡门法老王陵墓后，一股对古埃及影像学研究的普遍狂热席卷西方，从而使荷鲁斯成为最为人熟识的神化隼形象。荷鲁斯意即"来自远方的"或"高高在上的"。古埃及的前王朝时期，它最早是被供奉在诸如奈赫恩（Nekhen）这样的城市，即希腊人所称的希拉孔波利斯（Hierakonpolis），或隼之城。荷鲁斯最早是造物之神，是万物初始时期从天宇飞来的隼。他的翅膀就是天空；他的左眼是太阳，右眼是月亮；他胸部的斑点则是星辰；他扇动翅膀即可生风。

古埃及有许多与隼相关的神，比如战神蒙图（Montu）、索卡尔（Sokar）、索普杜（Sopdu）、内姆提（Nemty）、杜兰威（Dunanwi）。当不同民族和文化间的融合开始之际，许多当地的隼形神逐渐被荷鲁斯同化，反之亦然。在埃及古城西里奥波利斯（Heliopolis），太阳崇拜的中心，天神荷鲁斯和太阳神雷（Re）合并成为雷-荷-阿克提神（Re-Hor-Akhty），其形象是一只隼或一个头顶太阳轮的隼头人。作为冥王俄赛里斯（Osiris）和女神伊希斯（Isis）的儿子，荷鲁斯神还被编入西里奥波利斯的创世神话，并被加冕为上埃及和下埃及

图 30　精神分析之父，西格蒙德·弗洛伊德拥有这具彩绘的隼木乃伊，它代表了埃及的冥神索卡尔

的第一任国王。之后的人类王位继承人在其统治时期都沿用了"荷鲁斯"这一称谓。真正的隼被认为是隼之神力活生生的表现，并深植于古埃及的宗教实践中。在上埃及荷鲁斯崇拜的中心——埃德夫神庙（Edfu），每年秋季都会有一只活隼按照仪式成为新国王。在神庙中的荷鲁斯神像前，一只隼作为其全新的、活生生的继承者，被呈给众人，接着被加冕并授予王位标志。这只当下的圣隼之后会被安置在附近的圣隼林中。到它自然死亡之时，人们将它制成木乃伊，并为它举行盛大葬礼。

第二章　神话般的隼

69

在古埃及，数十万只隼被制成木乃伊并作为献给神灵的祭物。它们的尸体用沥青浸泡，再用小苏打防腐，然后被放入大小合适的容器或棺材中，交给神庙僧侣，在盛大的安葬仪式中作为信徒的代表被埋葬。位于萨卡拉（Saqqara）的奈克塔内博二世（Nectanebo II）神庙供奉着女神伊希斯，即荷鲁斯的母亲，里面的最高楼座中保存着十万只被制成木乃伊的隼，它们被装在成排的瓮中，每排皆以沙子隔开。神庙的僧侣们喂养着一些专作埋葬之用的神圣动物，如猫和朱鹮，但隼在被捕获后不易饲养。荷鲁斯崇拜一定对当地的野生隼种族有显著影响。隼的交易相当广泛，大部分交易品确实是当地隼种，如茶隼和地中海隼；其他很多却不是，如鸢、秃鹫甚至小型鸣禽，但它们都通通被埋葬了。也许这些就是故意卖给信徒们的冒牌货，直至数十个世纪以后，人们用 X 光和核磁共振技术检验这些禽鸟的出土骨骼碎片，这一古老的骗术才被揭穿。

隼崇拜

横跨不同文化，历经上下几千年，隼的神化与宗教角色之间存在着显著的对应关系。正如荷鲁斯崇拜所显示的，隼之神通常是造物神，并和太阳或火相关联。与天神荷鲁斯一样，古代伊朗的火水之神阿维斯陀·科斯瓦兰纳（Avestan

图 31　　埃美施（Emeshe），神话中匈牙利人的女先祖，睡梦中受
　　　　到阿尔泰隼的拜访

Xvaranah）也被描述成隼的模样。同时，他也是王承天命、
君权神授的同义词。按照琐罗亚斯德教创始者琐罗亚斯德
（Zoroaster）的说法，神长着隼的头。16 世纪的法国驯隼人
查理·达阿库西亚 * 提醒他的读者，古人认为，游隼和猎隼
的大腿骨能吸金，就像磁石能吸铁一样。他认为这是一种巧
妙的对应，因为"炼金士把金子的诞生归因为太阳"。但作

---

* 查理·达阿库西亚（Charles D'Arcussia，1598—1643），法国驯隼
人，外省贵族，著有《阿库西亚的驯隼术》（*La Fauconnerie de Charles
D'Arcussia de Capre*）一书，直到今天还有再版。

为驯隼人，他的解释显得较为平实，"古人这么说无非是指养飞禽花费巨大，"他写道，"对于那些热情到失去理性的隼迷而言，隼确实吸引且耗费大量金子。"[11]

俄罗斯的人类学家将这些现世共享的隼神话一直追溯到曾经遍布古代中亚、近乎普世的猛禽崇拜上。他们主张，无论东方还是西方，这种带有贸易、入侵、迁徙和定居元素的隼崇拜持续了数千年。除了将隼看作是与太阳和火相联系的造物神，这些古老神话还将隼和人类灵魂联合在一起；它们将隼看作是在天地之间、人神之间传递信息的使者。它们同样也将隼和婚姻及生育相联。隼丰富了许多关于王朝和帝国建成的神话。成吉思汗的准岳母就曾梦到一只将太阳和月亮擒在爪里的白隼从天而降，落在她手中。她将这一梦境看作是自己的女儿将嫁给未来征服者的征兆。隼与生殖能力的联系也有其实用性。在哈萨克斯坦和吉尔吉斯斯坦的部分地区，受过训练的隼将按照传统被带至女人生产时的圆帐，因为敏锐的隼眼能赶走袭击产妇并使其患上产褥热的所谓恶魔al-basty，或者称"红母亲"。

匈牙利神话中的巨隼传说显示出许多和猛禽崇拜共同的元素。隼经常被描述成太阳。它也象征着匈奴王阿提拉的居所，以及匈牙利阿尔帕德王朝的祖先。819年，国王贝拉（Bela）三世在他的皇室记录中写道，斯泰基人的领袖玉革

图 32　　　公元 7 世纪的波斯银盘上，一只隼（或许是鹰）正带
　　　　　着一位逝者的灵魂飞向天堂。这里的裸女形象显示的
　　　　　是灵魂，她在用自己的善行之果来喂养鸟儿

叶珂（Ugyek）娶了一名叫埃美施（Emeshe）的女子，生下
了阿尔默斯（Almos），即该王朝的第一任国王：

　　这个男孩的名字源自他特殊的出生环境，他的母亲梦到
一只巨隼从天而降，使她受孕。好大一股泉水从她的子宫涌
出，并向西方流去。它们不断汇聚直到最后变成一条洪流，
越过积雪皑皑的山峰，流入山那边的美丽低地中。在那里，
水流停住了，从中生出一棵有着金色枝干的奇树。她预感到，
自己的后代中将诞生杰出的国王，他不仅要统治她现在所处

图 33   由来自蒙大拿的乌鸦印第安族所绘制的一张盾牌蒙皮，其
上是一只战士的守护神，草原隼，还有一束粘在上面的草
原隼羽毛

之地，其势力还将遍及她梦中出现的群山环绕的遥远地方。[12]

经过这次神的来访，埃美施和她的儿子成了能够读懂来自上天神旨的第一人。正如这类远古崇拜都有的其他许多元素一样，认为隼和女人结合生下首位祭司的这一概念已经稳稳扎根于萨满教的宗教神话体系之中。萨满这个词借自于西伯利亚的通古斯族（Tungus），指的是那类能通过催眠后的迷醉状态穿越不同世界的人；在这种状态中，他或她的灵魂能脱离自己的躯壳。它既能升至上域天国，也能降到阴间地府；它能为死者的灵魂指出天堂之路，也能向神灵探讨知识，为病中的人祛除病痛，以及预见未来等等。

在萨满教的传统中，隼常常扮演助人精灵的角色。古代琐罗亚斯德教的献祭仪式上所用的圣露"哈欧玛"（Haoma）被称为"不死的饮品"。用迷幻剂来达到催眠状态有着悠久传统。据说配方中含有毒蝇鹅膏菌的圣露就是隼从神灵那儿偷出来带给人类的。隼的图像经常出现在古伊朗和波斯的艺术品以及阿契美尼德王朝和萨珊王朝的容器及武器上。加利福尼亚的丘玛什印第安人用曼陀罗植物使他们和自己的"助梦者"精灵取得联系。20世纪早期，丘玛什印第安人费尔南多·利夫拉多（Fernando Librado）曾描述该族的一支海上

第二章　神话般的隼

75

独木舟队是如何通过船长的"助梦者"，一只游隼，向老天祈求，而在一场暴风雨中得以幸免的。隼在文学作品中也以助人精灵的面貌出现：塞尔维亚—克罗地亚史诗中的隼保护主人，当主人不舒服时，它们用喙带来水，还张开翅膀为其遮阳。

在许多萨满教的宇宙观中，世界树是一个中心元素。它联系起天堂、人间和地狱，其顶端常常站着一只隼。例如匈牙利的阿尔泰隼便栖息在生命之树的枝头。在古挪威神话中，隼被称作维德佛尔尼尔（Vedfolnir），意为"刮倒"。维德佛尔尼尔栖息在一只鹰的喙上，而这头鹰则立在世界之树（Yaggdrasil）的顶端。这只隼的任务是向神王奥丁汇报它从天堂、人间和地狱所看到的一切。与其相关联的，是另一个常常出现的萨满教象征：栖息在一根树枝上的鸟或隼。埃德夫神殿的荷鲁斯创世神话描述了世界如何从混沌中产生：那时，在原始海洋的一座小岛上，出现了两个形态不定的生物，其中一个从岸边捡起一根树枝，劈成两半，把一半插入水边的土地中。一只隼从黑暗中飞来，降落在树枝顶上。一下子，光线刺破了混沌，海水开始退去，岛屿越来越大，直至形成大地。

萨满们在催眠状态中常常变身为鸟类。他们能以这种形式，飞到世界树那里，带回如鸟一般飞翔的灵魂，或者将新近去世者的灵魂之鸟带去天堂。按照匈牙利萨满教的说法，未出世的孩子，其灵魂以鸟的形式存在，而隼就栖息在它们的近旁。与拥有隼祖先相符合，萨满们能在穿越阴阳的旅程中变身为隼。例如马勒库拉岛的萨满便在吟唱崇敬群星的圣歌时，张开双臂模仿隼。而根据北美大平原印第安人的传说，隼是唯一一种知道天空中的通神之路在哪里的动物。萨满在向隼低声询问一些问题之后，让隼飞过那些通道，并把神圣的答复带回给萨满。

灵魂和结合

在游牧民族巴什基尔的叙事诗《黑马》（*Kara Yurga*）中，愚蠢的骑士库什拉科（Kushlak）将他会说话的隼卖给一个陌生人，换回一群马。当陌生人将库什拉科的隼拿在手上时，它叫喊道："如果你抛弃我，幸福会远离你，富足会远离你，你的生命也会远离你。不要让我离开，大英雄库什拉科；不要把我卖掉，大英雄库什拉科。"库什拉科不顾隼的哀求，收下了这一群马，但之后很快就死去了。如果我们记得达阿库西亚在 1598 年的描述，就能更好理解库什拉科的离奇死亡。他曾写道："古人用隼表示人的灵魂。"[13] 在前基督教和前伊斯兰教的整个欧亚大陆上，隼都和人类灵魂联系在一起。古代的土耳其其墓碑是用停在武士手上的隼刻画已逝武士的灵魂。古埃及的陪葬物《死亡之书》（*Book of the Dead*）则以隼的飞离来描述死亡，而埃及法老死后可以化作一只隼来探访自己的道身。

这样的联系仍在继续：在中亚部分地区，人们仍认为杀死一只隼在道义上等同于谋杀一个人。20 世纪初，这种对伤害隼的禁忌还延伸到驯隼人身上，伤害或者羞辱一位带着隼或其他猛禽的人是不可想象的。在 20 世纪初的加利福尼亚，卡鲁克印第安人（Karuk）"三美刀比利"坚持认为，杀死游隼埃克奈奇的人在年底前一定会死——他说，这样的事情不久前才发生过，有人把游隼误当抓小鸡的鹰给杀了。"那一年，在它死前，"他继续说道，"埃克奈奇飞来飞去观察城镇和房屋，还坐在屋顶上，仿佛监视他们。"[14]

隼和灵魂相关、隼能使人和天堂或神灵更易交流的观念，在很多神秘主义传统中都有表现。在伊斯兰神秘主义派别苏非派（Sufi）的学说中，被放逐的灵魂在易朽的躯体中承受着痛苦，并渴望回归造物者的家园。为了纯净得足以回到神那里，人必须走上一条艰难的道路获取更高的精神生活。14世纪伟大的波斯诗人哈菲兹（Hafez）的作品中有大量这样的题材，在一首诗中，他把人比作一只从故乡飞向悲惨之城的隼。基督教的书写者也把隼用于与神秘主义相联系的比喻中。达阿库西亚曾写出《圣经》是如何将隼比作超脱于现世

图 34　　17 世纪末，由穆罕默德·法迪亚布（Mohamed Fathiab）按隼的形状书写成的祈祷文

的默祷者的，"无论何时需要神降临人间，他便会立即飞回天际"[15]。达阿库西亚对此的解释是：圣徒常以隼的形象来表现。在《猎犬与鹰》（*The Hound and the Hawk*）一书中，历史学家约翰·卡明斯（John Cummins）则对西班牙传教士"十字架圣约翰"（St. John of the Cross）如何利用这一主题做出了优雅的注释。这位基督教历史上著名的神秘主义者曾将隼和猎物在空中的接触隐喻为他自己的灵魂与上帝的联系。卡明斯对此写道："隼的下堕有两个意义：游隼借着疾速下降的势头来达到几乎垂直的上升，而个体自身的谦卑和对个性的放弃使灵魂得以和上帝重新相连。"[16]

我离高傲的飞鸟
越来越近，
我看起来
却越来越低矮，可怜，绝望。
我说："没有人能触到它"；
于是我落得更低，更低，
又飞得更高，更高，
抓到了我的猎物。[17]

就像这首中世纪的西班牙抒情诗所展现的那样，在与隼

相关的隐喻中，有神秘主义的联系逐渐转化为有性爱意味的
联系：

为了一只飞翔的白鹭

游隼从天空中落下，

用翅膀抱起她，

陷入荆棘丛中。

高高的群山之上，

上帝，化身游隼落下，

以亲近圣母玛利亚的子宫，

白鹭的嘶叫那么响亮

圣歌的吟唱响彻天际，

游隼冲向诱饵，

陷入荆棘丛中。

使他绊住的

那根脚带真长：

取自亚当和夏娃编织的网

但那只野白鹭

如此慢慢地飞起

第二章　神话般的隼

图 35　　20 世纪 50 年代，美国有关两性关系的讽刺画

当上帝从天空中落下

他陷入荆棘丛中。[18]

隼和猎物之间的搏斗常被比作做爱。在土耳其民歌中，纯洁的新娘和未婚夫之间的性爱被委婉地表达成一只雌鹧鸪无助地试图从一只隼的身下挣脱。驯隼术也不可避免地促成

了带有性意味的隼神话当中。驯隼和勾引女人长久以来被认为是类似的艺术。许多高中学生从莎士比亚的《驯悍记》(*The Taming of the Shrew*) 中学到关于驯隼术的第一课，剧中，高雅的驯隼艺术乃一种比喻，其根本是男人的调情艺术。正如约翰·卡明斯对此做出的精妙解释，这两种行为都包含着男人的迫切希望，即：让一个自由自在的灵魂屈服于他的个人欲望。卡明斯还引用了一句中世纪的德国谚语："隼和女人都很容易驯服，如果你用正确的方法去诱惑，他们将归顺主人。"[19] 这个隐喻是双向的：驯隼术也常常被人用色情字眼去描述：例如小说家大卫·加尼特（David Garnett）写作家 T. H. 怀特试图训练苍鹰，读起来却奇怪地像是一篇 18 世纪的诱奸故事。

此外，驯隼术的配饰——如头罩、脚带和颈带这样的操控件，再加上那种常常把隼说成是女主人而驯隼人是奴隶的说法，使驯隼术成了明确指代恋物和性虐的字眼。20 世纪 80 年代的一张车贴曾宣扬："驯隼人用羽毛来做那个。"同一时期，极端绮靡与混乱的性心理惊悚小说、威廉·拜尔（William Bayer）的《游隼》(*The Peregrine*) 便是此类幻想的完美代表作。一位疯狂的驯隼人训练出一只猎杀女人的巨型游隼，并绑架了一位女记者，把她称作"小鸟帕姆"，还用由城里性用品店手工改装过的驯隼装备来打扮和训练她。"他按照驯隼所需的每个步骤如此这般地对她，"拜尔写道，"他一直告诉她，足够的训练之后，就让她飞走，去杀人。"[20] 书中最后场景是一位系着脚带、铃铛，近乎聋哑，已被洗脑的女人，正准备为她的主人完成例行谋杀，她站立着，"像一座雕像、一块磐石、一只巨大的鸟，她的手臂舒展，姿势神圣，一副羽毛缝制的斗篷从其手臂上垂下，看上去像巨大的翅膀"[21]。

俄罗斯民间故事《灵隼芬尼斯特》（*Finist the Falcon*）中则有一个幸福的、不那么直白的关于变身和欲望的故事。玛尔娅为她鳏居的父亲和两个邪恶的姐姐做家务。姐姐们向父亲要亮丽的衣服和丝绸，而玛尔娅则希望得到一根灵隼芬尼斯特的羽毛。父亲终于找到了一根给她：她很高兴，把自己锁在房间里挥舞着隼羽——一只鲜亮的隼在空中盘旋，之后化身成一位英俊少年。嫉妒的姐姐们听到他的声音，闯进房间，但芬尼斯特又变成隼从窗户飞走了。之后的两个晚上，他又飞回玛尔娅那里，可是，唉！在第三个晚上，玛尔娅恶毒的姐姐们看到他离去，就在窗框的外沿装上锋利的尖刀和针。下一夜，当不知情的玛尔娅熟睡时，想要飞进房间的芬尼斯特受了重伤。最终他哭着向她道别，说完"如果你爱我，你会找到我"就飞走了。按照此类故事的套路，玛尔娅经历千辛万苦终于找到芬尼斯特——当然了，他们之后永远幸福地

图 36 　 在俄国画家伊万·比利宾（Ivan Bilibin）1927 年创作的水
彩画中，英雄沃尔·福谢斯拉维奇显示出隼的形象

生活在一起。

神隼变身

印度神话中关于神隼变身的一个著名故事是《尸毗本生经》(*Sibi-Jâtaka*)，故事里，帝释天和毗首羯摩天为了考验尸毗王的仁慈和爱心，分别化身成隼和被追逐的鸽子。惊恐而精疲力竭的鸽子飞到王的大腿上，王想要保护它。可是隼恼怒了："我用自己的努力来抓住这只鸽子，现在我饥饿难忍了！"它嚷道。"你保护这只鸽子，而我会因为饥饿而死掉。如果你非要保护它，那就给我等重于鸽子的肉作为交换。"尸毗王同意了，命人拿来一座天平，把鸽子放在上面。他用尖刀从自己的大腿上割下一块肉来，但这不足以使天平平衡，于是他再割，但还是不够。当王从他的手臂、大腿和胸部割下更多肉时，鸽子却越来越重。最后王意识到他必须把自己整个献上，于是便坐在天平上。这下，音乐响起，甜美的神水仙肴从天空纷纷落下，盖住了王并让他痊愈。帝释天和毗首羯摩天变回真身，对尸毗王的仁慈甚感满意，他们宣布王将转生到下一位佛的身体中去。

另一个神隼变身的故事出现在日耳曼—斯堪的纳维亚神话中。春天女神弗蕾亚（Freja）拥有一件穿上后就能化身为隼的隼袍。然而和神一样，人类也能将外形转变为隼。东斯拉夫人的战士史诗《勇士歌》中的英雄被称为"Bogatyr"，与土耳其及蒙古语中的"英雄"一词"Bagadur"相关。他们的英雄沃尔·福谢斯拉维奇（Volkh Vseslavich）能变身成白隼、灰狼、长金角的白色公牛和小蚂蚁。萨满教的神秘主义源头深藏于此。这位英雄的名字和斯拉夫语中的"Volkhv"一词有关，意指"神甫"或"术士"。20世纪70年代，美国漫威公司推出了首位黑人超级英雄"猎鹰"（the Falcon），他和另一位超级英雄"美国队长"一起，在其训练的隼"红翼"（Redwing）的协助下，同邪恶作战。这样的人类—动物变身故事让评论家们着迷了多年：它们到底意味着什么？颠覆关于社会身份的支配性看法？质疑作为人类的意义？直陈对宗教或两性的担忧？抑或是在寓言中创造出让人们去摧毁的怪物，以此来固化社会现状？

渺小的人类一旦假装隼的外形，常常会得到教训。厄休拉·勒古恩（Ursula Le Guin）的小说《地海巫师》（*A Wizard of Earthsea*）中的英雄，年轻的法师格得就将自己变身为游隼，一只"翅膀带有条纹，瘦削而强健"的"朝圣之隼"，去攻击那些刚刚将他的女伴撕碎的飞天恶魔。他飞越海洋，"带着隼的翼，还有隼的疯狂，像一支不坠落的利箭，像一个不被遗忘的念想"。说到底，勒古恩的小说是对人们认识并接受真我的重要性的一种沉思。隼的化身中传达出种种无法抵御的情绪，格得用这种方式将自己置于了危难境地。变身的

37

38

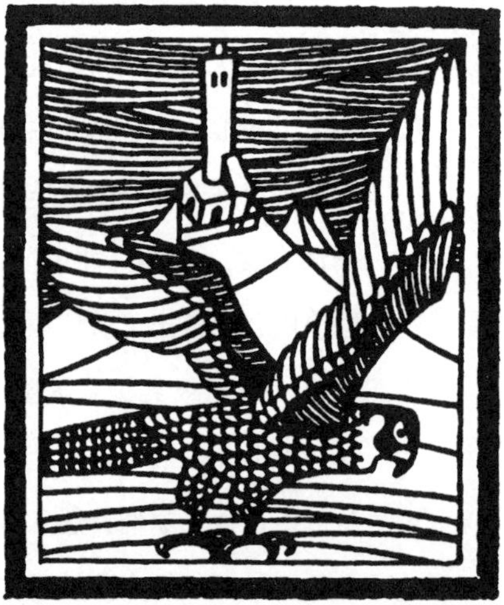

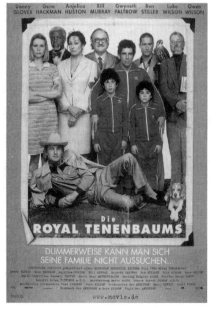

图 37　法师格得变为隼飞行：鲁特·罗宾斯（Ruth Robbins）为厄休拉·勒古恩 1968 年的经典魔幻小说《地海巫师》所绘插图

图 38　韦斯·安德森 2001 年拍摄的电影《天才一族》的海报。拍摄期间，停在演员卢克·威尔森肩上的那只隼曾在纽约市上空追逐一只鸽子，并失踪好几天

代价就是"有失去自我、远离真相的危险"。小说中解释道，"一个人偏离自身形象的时间越长，危险就越大。"朝圣之隼格得找到他过去的老师，法师欧吉安，然后停在他的手臂上。欧吉安认出他来，施展了一个精心的魔法，把这只隼变回人形——一个安静、憔悴，衣服上结满海盐，"眼下已不通人类语言"的人。

> 格得在极端的悲伤和愤怒中化为鹰形……隼的怒气和野性成了他的怒气和野性，他的飞翔愿望也成了隼的愿望……无论那种令人激动的飞行是处在阳光下还是黑暗中，他都身披隼翼，用隼眼观察，忘记了自己本来的想法，最后脑海里只剩下隼所知道的事情：饥饿、风和飞行路线。[22]

隼被看作是凝结着权力、野性、独立和自由的鲜活例证，这些为人所熟悉的观点使隼在很多有关自我实现的寓言中担负起了特殊任务。它们的作用是在文明的人类与野性的自然之间进行斡旋，帮助两者取得适当的平衡。许多现代文学和电影都阐释了隼在自我发展方面的帮助与贡献。这里，隼扮演着弱者——他们通常是受社会环境或父母情感缺失困扰的孩子——的守护神或其另一个自我的角色。例如巴里·海因斯（Barry Hines）的小说《小孩与鹰》（*A Kestrel for a Knave*）

中的那只茶隼；又或者是简·克莱格海德·乔治（Jean Craighead George）的《山中岁月》（*My Side of the Mountain*）里那只名叫"恐惧"的游隼，在它的陪伴下，一位城里小孩出走到卡茨基尔山脉过野外生活，就如同一位当今时代的丹尼尔·布恩*，再现了美国历史。在韦斯·安德森（Wes Anderson）2001年的电影《天才一族》（*The Royal Tenenbaums*）里，又一个被忽视的小孩，网球天才里奇·特伦鲍姆在他家屋顶上的鹰巢里养了一只名叫"莫迪凯"的猎隼。当片中的父子关系得到缓和时，曾被放飞的莫迪凯又从纽约上空飞回到他手中。在维克托·坎宁（Victor Canning）的小说《油漆帐篷》（*The Painted Tent*）里，16岁的孤儿斯迈利从警察那里逃脱，藏身于一个西部乡村的马戏团之家，并和马戏团豢养在笼子里的一只游隼建立起特别联系。这只名叫弗里亚的隼"从来不知道游隼的真正飞行是纯粹的奇迹……也不知道对天空的征服是其至高的天赋"[23]。在所有动物中，斯迈利最热爱鸟，"因为它们看上去能承担起其生命中自由的真正含义"。游隼的囚禁让他很压抑。[24] 弗里亚逃走了，随着故事的展开，少年斯迈利的个人能力日渐提高，与之呼应的则是弗里亚的成

---

* 丹尼尔·布恩（Daniel Boone，1734—1820），美国探险家、猎手和独立战争英雄。

长：她学习捕猎技巧，醉心于自己所拥有的自由，并和斯迈利一样，找到了爱情。

在 T. H. 怀特的传奇小说《石中剑》(The Sword in the Stone)里，另一位没有父亲、不知道自己真正身份的孩子，年轻的亚瑟王，被他的老师梅林（Merlin，意即灰背隼）变为一只灰背隼，以作为对他"施教"的一环。怀特的描写玩笑式地挖苦了中世纪广为人知的隐喻；在他笔下，会说话的鹰和亚瑟王的披甲骑士共享一个社会等级、礼仪和肖像。在萨瓦格城堡的鹰巢里，每只隼或鹰都是"一位静止的披甲骑士雕像"，鸟儿们"头上戴着带羽饰的头盔，脚下装着马刺，全副武装地庄严"站立着。这种类比虽然有些牵强，但仍不失优雅："在它们栖息的杆头，帆布或麻布帷幔随风起伏，像小教堂前的旗帜，这种使人全神贯注的庄严气氛令守夜的骑士保持着武者的毅力"25。怀特还文雅地讽刺了那些军人和运动健儿们的旧习。在将亚瑟变成灰背隼放进笼子之前，梅林建议亚瑟要"虚心听从专家的话"，在军事生涯中一举一动均保持王者风范。梅林说道：

受过训练的隼并没有真正认识到自己比那些骑兵指挥官更像囚徒。它们自以为正献身于如骑士等级或类似什么东西的个人奋斗中。你看，毕竟只有猛禽才有资格成为鹰巢中的成员，这一点确实很有用。它们知道，低阶层的鸟不得进入。它们的帷幔杆上可不会停靠乌鸦或类似的废物。[26]

20 世纪 30 年代，怀特本人，一位承受着身份焦虑、性焦虑以及职业焦虑的不幸教师，辞去职务，住进森林深处的一间猎场管理员小屋，开始了驯鹰工作。他把驯鹰看作精神分析的一种形式，心中暗自思忖着自己可能成为勇猛的人，就像他所训练的鸟那样。实际上，作为受过驯化的猛禽——它们常常生活在最容易被驯养的家居环境中，隼和人类长期而亲密的伙伴关系与隼对被驯化的抵抗是相伴而生的。这使得隼和其他狩猎鸟在许多文化中成了重点刻画的野性象征。驯隼术以无数强有力且确定无疑的方式表明了隼和人类的关系。在下一章里，我们将探索 T. H. 怀特所说的现象："你为不得不睡觉和喝水而感到愤懑，一想起（驯隼）……就会激动战栗，哪怕是在回忆中。"[27] 还有国王詹姆斯一世所描述的，"（驯隼是）对热情的终极激发"[28]。

CHAPTER 2　**MYTHICAL FALCONS**

第三章　驯　隼

"驯隼术不是一项运动，它是一种病毒，"当我们高高仰起脖子，看着他驯化的游隼飞上隆冬时节的天空，这位美国驯隼人说道，"这种病毒正在大流行。"他风趣地继续说，"数千年前它出现在中亚地区，现在蔓延到所有地方，"他咧嘴笑了笑，"中世纪，在你们欧洲人中间，这种病流行得比黑死病还要厉害。"他的这番奇谈怪论简明扼要，不切实际，然而并不出人意料。驯隼人常认为自己的行为是病态的。他们说他们本不想成为驯隼人，但被无法自抑的冲动左右。"一朝驯隼，终身不弃"，是 19 世纪的驯隼者 E. B. 米歇尔（E. B. Michell）的座右铭。我也听说过驯隼人抱怨驯隼毁掉事业，破坏婚姻，让人异常痛心、费力、散财。但他们仍然乐此不疲。

词典上把驯隼术定义为利用经过训练的猛禽来捕猎的运动。但该定义完全没有说明，从社会的、情感的、历史的角度看，这种运动何以风靡人类社会数千年，并演化出无数种形式。几世纪以前，波斯的驯隼者夜晚放飞游隼，让它们在月光下捕捉池塘和沼泽里被惊飞的野鸭；他们甚至训练猎隼去捕捉鹰和瞪羚这样看似不可能成为猎物的生物。在卢浮宫的花园里，路易十三用训练过的灰色伯劳鸟捕捉麻雀，到了傍晚则放出游隼来猎杀蝙蝠。不过，从规模、形式和社会本性来讲，驯隼术在今天只是捕猎的一种形式而已。在芬芳的

CHAPTER 3　TRAINED FALCONS

图 39　　驯隼术的标志性图片：一只未成年游隼，系着脚带，戴着
　　　　拉合尔铜铃和用羽毛装饰的荷兰式头罩

图 40　瑞典女王克里斯蒂娜（1632—1654 年在位）和她的驯
　　　　隼人，17 世纪中期由塞巴斯蒂安·布尔东（Sébastien
　　　　Bourdon）所绘油画

荒野上，美国驯隼人为受驯的隼找到一种最大和最具观赏性的猎物——艾草榛鸡；在巴基斯坦，阿拉伯富豪带上他们的隼，乘坐炫目的私人喷气机，降落在专门修建的飞机跑道上；在苏格兰沼泽地区，身着条纹呢布衣，被雨水湿透的身影踏过石南花灌木丛，用他们的游隼惊飞红松鸡；在津巴布韦，驯隼甚至是隼学院学生们课程的一部分。

　　有些人把驯隼看作一种过时的追求，一项无关紧要的消遣，为那些醉心于重演历史的人所钟爱。原因显而易见，媒体对驯隼术的报道大多停留在其古老和尊贵的历史上。然而驯隼术今天同样风光。在某些国家，它是日常生活的一部分。比如阿联酋人就把隼带到当地市场或商业街上去驯养。美国驯隼人也认为自己生活在驯隼术的新黄金时代。在英国，驯隼如今比近三个世纪以来的任何时候都要流行：驯隼表演几乎出现在每一场乡村演出，英国最悠久的广播肥皂剧《阿彻一家》（*The Archers*）里也有驯隼人的角色。整个英国和欧洲大陆都开办有驯隼中心和学校。国际性、全国性和地区性的驯隼俱乐部方兴未艾。美国最资深的女家居设计师，地位无人能及的玛莎·斯图尔特（Martha Stewart）甚至带过一只游隼上电视节目，让它停在她戴着手套的拳头上。现在是驯隼术历史上的高峰还是低谷，尚无定论，但驯隼确实充满活力。

何以出现，何时出现

人类把隼当作狩猎伙伴至少已有六千年或更长历史，但对于驯隼术何时、何地以及如何兴起，尚未达成一致意见。每一种驯隼文化都有自己的创始神话，而且这些神话总是将驯隼术的产生设定在已经逝去的社会，反映出其自身的文化偏见。例如，1943年，哈佛大学教授汉斯·爱泼斯坦（Hans Epstein）坚持认为，驯隼术是文明的标志，因为它需要"富于闲暇时光，有非凡的耐性、感性和智慧，这是原始人在看待动物时通常不会表现出来的"[1]。于是他非常肯定地认为，驯隼术不可能起源于日耳曼。许多16世纪的欧洲人认为，特洛伊人是最早的驯隼者。即使古希腊历史学家色诺芬在详尽描述希腊狩猎的著作《运动家》（*Cynegeticus*）中不止一次提到了驯隼，但19世纪受过良好传统教育的英国驯隼人还是信任古罗马作家普林尼的简短描述：色雷斯的捕鸟人训练鹰将野鸟赶入网中，这才是驯隼术来自古希腊的证明。

近来，近东地区的旧石器时代墓穴里发现了猛禽骨骼，这让一些人认为驯隼术起源于史前时代。但多数的现代评论者都认为它首先兴起于中亚地区的高原上。从这里开始，驯隼术向东，于公元3世纪到达中国和日本，向西，随着贸易和侵略被一路带至西欧。当然，在某些地区，驯隼术也可能独立发展起来。西班牙殖民者科尔特斯曾报告说，墨西哥皇

图 41　　阿布扎比附近沙漠里的幼隼。这里都在清晨或黄昏驯隼；当阳光变得
　　　　　过于强烈时，隼会在阴凉中休息

帝蒙特祖马二世在阿兹特克王庭里收集了很多猛禽，但它们是否被用于驯隼术仍是讨论热点。阿拉伯的学者们记载，第一位训练鹰来捕猎的人叫作"al-Harith bin Mu'awiyah bin Thawr bin Kindah"，可以上溯到伊斯兰教出现以前的时代。此人曾惊讶地发现一只偶然陷在捕鸟网中的隼，于是把它带回家，让它栖息在自己的手臂上。一天，隼飞出去抓了一只

第三章　驯隼

图 42　　6 世纪日本的驯隼人陶俑

鸽子，第二天又带回来一只兔子——于是驯隼术诞生了。在《古兰经》里，驯隼术也有幸得到赞许：

他们问你准许他们吃什么，你说："准许你们吃一切佳美的食物，你们曾遵真主教诲，而加以训练的鹰犬等所为你们捕获的动物，也是可以吃的；你们放纵鹰犬的时候，当诵真主之名，并当敬畏真主。真主确是清算神速的。"（马坚先生译本。——译者注）

20世纪30年代，英国驯隼人吉尔伯特·布莱恩（Gilbert Blaine）上校试图解释他和他的伙伴们对驯隼术的痴迷。他声称，"真正的驯隼人是天生，而非养成的。"他继续说道，"这深深植根于某人与生俱来的品性中，是它激发起对鹰的本能的挚爱。"在思考这种品性有可能是什么的时候，他得出结论：这一定是"一种从我们热衷运动的祖先那里遗传下来的本能"[2]。相当吸引人的是，布莱恩随之认定这是血统给他和他的朋友们带来的福荫。因为现代的"真正驯隼人"，其祖先都是贵族。"没文化的种族不会尝试去发掘［驯隼术的］奥秘，"他写道，"即使在有文化的人中间，使用和拥有高贵的隼也被限定在贵族内部，这是一种具有排他性的权利与特权。"[3]

第三章 驯隼

驯隼术中的隼

布莱恩的言辞深深地陷进了自己的社会成见中，但他所坚持的隼是鸟中贵族的说法在多数驯隼文化中都被肯定。"它们举止镇定，外表高贵、冷酷且值得信赖，这些都让隼不与其他鹰类为伍。"美国驯隼人哈罗德·韦伯斯特（Harold Webster）在 20 世纪 60 年代如此写道。他的个人好恶和早期的现代驯隼人几乎没什么不同，而且还带有同样规范的社会成分。"驯隼一直存在并将永远存在。没有任何其他东西能与之相比。"他把隼猎描写为上流社会的事务，"博大、喧闹、壮观、优美且激动人心"。所以，"它对喜欢和朋友们结伴外出的性格外向者最有吸引力"4。 就像今天的猎狐运动一样，放隼捕猎在早期现代欧洲也是一项隆重的社交活动，需要大量的随从和大片土地才能达到最好效果。再一次地，韦伯斯特成为了数个世纪以来驯隼术的社会定位的捍卫者，他写道：那些避开隼而用短翅雀鹰或苍鹰来捕猎的人"多少有些性格内向"，他们"更愿意独自秘密外出，他们待在河堤边、篱笆外和田地的角落"5。事实上，13 世纪有一个词"austringer"，专指那些放鹰而非放隼的人，是一个带有贬义的字眼。

那么，韦伯斯特所描述的那种博大、喧闹、壮观、优美且激动人心的活动是什么呢？不管人们称呼它为运动、技艺

• • •

图 43　　　手中抓着一只矛隼，穿着黑貂皮袍子和红色皮袖，这是
亨利八世的驯隼人罗伯特·切斯曼（Robert Cheseman），
小汉斯·荷尔拜因创作于 1533 年的油画

抑或职业，它还是驯隼术——一种利用猛禽来狩猎的活动。
你并没有训练一只隼去捕捉猎物，她本能地就会做这些（在
西方的驯隼用语里，所有的隼都以"她"代称，这和汽车、
船只和飞机一样）。驯隼人的任务有三重：驯化隼，规范隼
捕捉猎物的方式，以及训练她在出击不成功时返回。没有隼

第三章　驯隼

会主动交出猎物；当隼捉到猎物，驯隼人必须跑过去，对她的努力给以奖励，轻轻地取回死去的野鸡、鸭子和松鸡。在几个月的劳作和准备之后，驯隼人的首要责任，正如驯隼人吉姆·韦弗（Jim Weaver）简短总结的一样，是"尽最大可能为他的隼提供展示天赋的机会"[6]。

空中搏斗

隼被训练出以下两种飞行方式——要么是从驯隼人的手臂上飞起直追猎物，要么是从高空向猎物俯冲而下。在进行或被称为"掀盖头"的追猎飞行时，驯隼人要先侦查好猎物，才能揭开头罩放隼。阿拉伯驯隼人就用这种方式放隼捕捉波斑鸨（hubara）和石鸻（kurrowan）。可这些优美地伪装成砂石色的鸟儿很难被人眼发现，所以阿拉伯驯隼人还常常利用"侦察隼"——一般是经验丰富的老猎隼，来为其他隼找出捕猎目标。这只猎隼扫描地平线的时候，会上下摇动头部，收紧羽毛，一旦发现远处的猎物便紧盯不放。

在现代欧洲，追猎飞行常见于用隼捕猎乌鸦或白嘴鸦的时候。有时，猎物会盘旋或爬升到百米高空，试图保持在隼的飞行高度之上。反过来，隼也会尽量爬高以取得优势，以便她能从上方俯冲攻击。这种方式的特高空飞行被称为"Haut Vol"，意即"高飞"，是早期现代欧洲驯隼术的最高追求。为确保实现这样的飞行，人们放出游隼和矛隼去捕猎鹤、鹭和鸢。这些高空作战被视为是对人类的政治计谋以及军事战略和实力的一种反射。对英国诗人乔治·特伯维尔（George Turberville）而言，放隼捕猎苍鹭是一种"国事竞赛"，而诗人威廉·萨默维尔（William Somerville）则创作了大部分带有此类意涵的作品。他在其诗作《田野运动》中描写了一场隼和苍鹭之间的"空战"，这场战争以"令人惊叹的野性"让贵族、农民和牧童全都看得目瞪口呆。

隼翱翔着，

平稳，自信而大胆，悬在空中。

漂浮着如同云朵，然后她的攻击

全然瞄向猎物那已命定的头颅，

警惕的苍鹭，像一道为夜空镀上金边的炽燃流星，

飞速躲闪，逃脱她的利爪和尖喙

赢得生命之路的长度。

人群在关注，所有的心都被抓紧

在这场重要战争中，喜悦的希望

在每个胸膛升腾。贱民和贵族，

都同样快乐，因为他们有自由

分享共同的欢乐……7

第三章　驯隼

和这些轻快的、不可预见的、满天飞的追猎相比，西方驯隼术中特有的"等待式飞行"则是一场精心准备的正式事件。这时，隼受驯在某一高点等待，盘旋的高度或许有三百多米，下方随即将飞过被驯隼人惊起的猎物——常常是野鸭，或野鸡、鹧鸪、松鸡等其他比赛用鸟。当比赛进入高潮，赛鹰的整个特点便显而易见了：一旦发现猎物，隼即翻身进入垂直俯冲状态，以夸张的速度，截断猎物的去路。隼从方圆数公里的天空中某个极高点俯冲而下，发出使人畏惧的声音：一种奇怪的、如同扯开布匹时的撕裂音。对旁观者而言，看隼划破长空，就如同观看航展飞行表演或汽车大奖赛一样，肾上腺素不由得立即充满身体。"你就是那只鸟！"驯隼人阿尔瓦·奈（Alva Nye）曾这样呼喊道。[8] 看起来，猎物一定会被扑倒，并被隼爪一击毙命。但其实未必。大多数情况下猎物会逃脱，而隼则回到驯隼人的假饵那里去。

　　假饵，即一条长绳，末端系着皮垫或一对风干的羽翅，训练隼在半空中捕杀猎物时也要用到它。《驯悍记》的读者对此不会陌生，他们在里面能碰到许多晦涩的驯隼术术语。莎士比亚写作的年代正是欧洲驯隼术的全盛时期，当时的驯隼术语复杂而混乱。和其他精英运动一样，驯隼术的词汇及规则起着类似门槛的作用，即对它们的熟练运用能证明某人来自较高社会阶层。例如耶稣会神父罗伯特·索斯韦尔

图 44　俾路支斯坦的戈壁滩上空，一只猎隼正在追逐一只波斑鸨。波斑鸨常常在近距离向追逐者喷射粪便以逃脱追逐

图 45　在卡尔·威廉姆·弗雷德里克·博伊尔勒（Karl Wilhelm Friedrich Bauerle, 1831—1912）所绘的铅笔画上，一只游隼正在飞向白嘴鸦

图 46　19 世纪，被称为"大飞"的高空飞行式样通过高级"皇家鹰猎俱乐部"的活动再度兴起。他们在荷兰费吕沃地区的广阔原野上放飞游隼以捕捉白鹭。白鹭被捉后通常又被释放

44

45

46

图 47　　在这张 20 世纪 40 年代的照片上，美国驯隼人史蒂夫·加蒂（Steve Gatti）正在让他的游隼练习扑饵

（Robert Southwell）就曾害怕他会因为遗忘驯隼术的术语而暴露真实身份。⁹

　　有很多特定词汇被用于指代驯隼的器具、不同的飞行方式以及隼的各部分肢体。鹰爪在她这里成了"扑手"（pounces），脚趾成了她的"小单指"（petty singles），翅膀是她的"帆"（sails），

WILLIAM SHAKESPEARE

From the Chandos Portrait

图 48　　　驯隼人宣称莎士比亚是他们中的一员。这幅版画取自
　　　　　J. E. 哈廷（J. E. Harting）1864 年的著作《莎士比亚的
　　　　　鸟类学》(Ornithology of Shakespeare) 一书，一只隼
　　　　　被好玩地加在了著名的"坎多斯肖像"*上

胸部羽毛则是她的"铠甲"(mails)。要是隼打个喷嚏，那就是
她在"嗤鼻"(snorted) 了。有些术语今天的驯隼人依然在用：

＊ 坎多斯（Chandos）肖像是最著名的莎士比亚肖像画之一，得名
于第一位该肖像画的保存者坎多斯公爵一世。伦敦的国家肖像画画
廊第 1 号藏品。

比如幼隼被称为"巢鸟"（eyasses），但未成年的野生隼叫作"过客"（passagers）。一只隼着陆，就说她是"速落"（pitches）；一只隼飞上天就是"腾空"（mount），而不是"爬升"（climb）。隼擦喙叫作"蹭脏"（feak），而她们颤动自己的身体则叫作"唤醒"（rouse）。

尽管最初的含义现已模糊，但一些术语在今天有了更广泛的应用：起初表示鹰喝水的字眼"bowse / booze"现在指代"豪饮"；喂给隼的小肉片"tidbits"如今有了"精选食物"的意思，隼在野外用的栖木"cadge"演变成"乞求"之意；难以被驯服的野生雄隼"haggard"一词则得到沿用。而最初用于为夏季换羽的猛禽准备的鸟舍"mews"一词，如今却更多的是指伦敦市中心的那些一般人无缘享有、价格高到令人瞠目的房产了。

驯隼术器具

虽然驯隼术的专用名词晦涩难懂，但它的装备，或者说"器具"，则相对简单且非常实用。也许其中最为人所熟悉的就是用薄皮制成的头罩。它套在隼的头部，把所有光线遮挡在外，将隼与猎场上的任务隔绝开来。对它的正确应用能避免训练不足或高度紧张的鸟受到惊吓。头罩有多种式样，如印度的羊皮头罩，柔软的阿拉伯式头罩，坚硬且沉重并戴有彩色边条及皮革和羊毛装饰的荷兰式头罩。现代的工匠兼驯隼人创造出了模具化、成品美观的混合式设计，比许多装饰华丽的古老样式更加轻便和舒适。

隼通常停在人戴着皮手套的左拳上。阿拉伯驯隼人则是用编织而成的"mangalah"，或称袖套，把隼带在身边。把隼置于左侧的原因还很令人费解。中世纪的神职人员自然视之具有神秘意味。据一份手稿记载，隼置于左手是因为要让它们飞向右边捕食。

左边代表暂时的事物，而右侧的一切都会永恒。坐在左边的掌管暂时之事；所有内心深处渴望永恒事务的都会飞向右边。鹰会在右边捉到鸽子，这就是说，凡转向美好愿望一边的，会受到来自圣灵的惠赐。10

训练时便于驯隼人抓握的脚带，在阿拉伯语中叫作"sabq"，是由编成辫状的丝绸或绳索制成。西方同等的装置被称为"jesses"，却是用软皮制成。隼在家的时候，脚带的一头附在金属栓环上，以避免缠绕，然后栓环再联到一根皮带上。这根皮带最后被驯隼人以一种特殊手法——显然是为了单手打结，单手松开——系在隼的栖木或石块上。

几个世纪以来，人们把银质或铜质的小铃铛拴在隼腿或

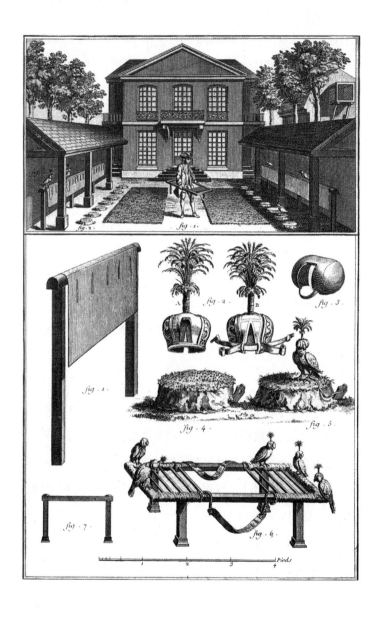

图 49　　狄德罗和达朗贝尔 1751 年编著的《百科全书》中的一幅插图，显示了隼舍（上图）和驯隼装备（下图）：一帘幕布、两顶荷兰式头罩、一顶遮光头罩、草坪块，以及用于将隼带入猎场的栖木

图 50　　　在阿拉伯联合酋长国，驯隼人哈米兹（Khameez）将这
　　　　　只正在训练的幼隼从隼架上拿起，并让它平静下来

尾羽上，好在放飞时确定隼的位置。它们发出的低鸣之声能传到八百米开外，顺风时甚至更远。20世纪70年代，美国的隼迷工程师发明了一种小巧的无线电装置，可以固定在隼的尾部或腿部。这种遥测系统的作用距离达到数公里，明显降低了丢失隼的概率。海湾国家的驯隼者对遥感装置热烈欢迎，因为他们始终将驯隼视为一种活跃的大众文化活动。相反，许多欧洲驯隼人却认为此项新发明毫无品味。和更为现代化的狩猎方式相比，驯隼术是一种少数人的追求，因此欧洲驯隼者更倾向于将驯隼术的悠久历史和丰富文化传统发扬光大。他们一般只把历史上有记载的驯隼方式作为合法手段，常常认为对既有的、传统手段的威胁就是对驯隼术本身的威胁。然而这些反现代的忧虑似乎大多已被克服。今天，许多隼都带着现代化的无线电传送器飞行，这些几乎看不到的装置被埋在尾羽里，位置常常就在拉合尔铜铃——一种产于巴基斯坦，设计极为古老的铜铃——的旁边。真是万变不离其宗啊。

驯　隼

一只从未受过训练的新隼，戴上头罩，立在栖木上，给驯隼人的第一印象是种纯粹的野性。哪怕极轻的触摸或声音都会让她鼓起羽毛，并像蛇一样嘶嘶作声。隼的训练完全通过正面强化进行。她们必须永不遭受惩罚；作为独居动物，她们不会理解社会性动物，如狗或马所熟悉的分等级优势关系。正如约翰·巴肯在 20 世纪 50 年代写到的，在他的印象中，隼无疑是鸟中贵族：

鹰不把你当主人。充其量，她们把你当作一个供给、照顾她们并把好猎场介绍给她们的伙伴。你只需要看到一只游隼威严而傲慢的脸，就会明白这点。实际上，你成了她们的仆人。[11]

虽然约翰·巴肯把隼的性格描绘为掌握生杀大权的主人，但其实隼也可以很可爱。在海湾国家，有些隼会从室内的栖木上跳起来，奔向呼叫她们名字的驯隼人。英国驯隼专家菲利普·格莱西尔（Philip Glasier）所养的一只雄游隼爱在书架上睡觉，一到早晨会跳到他的床头，啄耳朵把他叫醒；另一位英国驯隼人弗兰克·伊林沃思（Frank Illingworth）有一只会骑在狗背上巡视花园的游隼；矛隼则常常喜欢玩网球和足球。

那人们到底如何训练隼呢？早期现代驯隼术的开创者，通过长期关注隼的"胃"，即她的食欲和身体状态，准确地找到了驯隼的关键所在。的确，从最基本的意义上讲，驯隼

图51　　带隼的骑士，来自 15 世纪意大利 Capodilista
　　　　的古抄本，为羊皮纸上的蛋彩画

人是通过隼的胃，也就是通过用食物与她们取得联系的方式，
来训练她们。如果隼没有饥饿感，被称为状态"太高"，会
没兴趣去捕捉猎物，也不会飞回到驯隼人这里。相反，如果
她"太瘦"或状态"太低"，将没有足够能量在飞行中表现
出明显的内在急迫感，而这正是驯隼真正令人兴奋的标志。
隼的状态要根据天气、季节、训练阶段、所吃食物类型，以

图 52　　非常华丽的假饵和头罩，出自神圣罗马帝国国王
马克西米安一世（1493—1519 年在位）的宫廷

及已进行了多少锻炼等等多到令人瞠目的变量来斟酌。驯隼人用多种方法来确认隼的状态：其中既有像每日称体重这样的定量分析，也有建立在多年经验基础之上的默会知识，如感觉隼胸骨周围的肌肉量，揣摩她的姿态、举止、梳理羽毛的方式，甚至脸上的表情。

第三章　驯隼

驯化和训练隼是严肃且富于技巧的职业。在海湾国家，每到秋季，驯隼人将新隼带给他们的酋长和王子们。持续多日的各种集会上，每只隼的品质和状态都得到相当严格的评估、鉴定及量化。在这种隼文化中，隼很快会被驯化。她们总是待在驯隼人的拳头或其旁边的栖木上，完全融入了人类的日常生活。虽然起初压力很大，但这种方法能够迅速让隼变得镇定和温驯。另一种相似的手法，术语称为"熬鹰"，也就是让新隼一直待在某人拳头上，直到她足以克服恐惧感而睡去，这在早期的现代欧洲很普遍。

如今西方人训练隼，进程更为缓慢。一开始野隼只有在驯隼人用拳给她们喂食时才能被触到。很快，她会把驯隼人和食物联系到一起，从栖木跳到驯隼人的拳上。她冲着食物跳起的距离逐渐加长，很快就能飞向驯隼人——刚开始还由一根细绳拴着，之后便自由飞行了。无论西方的还是阿拉伯的驯隼术，都要训练自由飞行的隼回到假饵处，但完成回归训练还有更富于创造性的方法。驯隼人罗杰·厄普顿（Roger Upton）讲过这样一个故事：在篝火还是沙特阿拉伯沙漠上唯一亮光的年代，一位贝都因部落的驯隼人让自己务必做到只在火堆旁边给隼喂食。这样，当这只隼在放隼活动中迷路后，即使晚上也能自行飞回，回到焦急的驯隼人专为她指路而点燃的篝火边。每年春天，他把她放回沙特阿拉伯西部的汉志山脉，让她哺育后代，每年十月，他返回山区，点起一堆熊熊篝火，再次捕获她。

"蔚然成风"

五百多年以来，驯隼术在整个欧洲、亚洲和阿拉伯地区大范围地流行开来。它承载着极为丰富的文化资源。历史学家罗宾·欧金斯（Robin Oggins）把早期现代欧洲的驯隼术描述为一个展现炫耀性挥霍的近乎完美的例子，称它"昂贵，费时且毫无用处。正是这三点将其参与者划成另一个阶层"[12]。它确实所费不赀。在13世纪的英格兰，一只隼的花费相当于一位骑士半年的收入。四百年之后，罗伯特·伯顿*坚信，"没有什么像驯隼术这么常见了"，"在放鹰季节，拳上没停着一只隼的人肯定无足轻重。这真是一门伟大的技艺，很多书籍都写到了这一点"[13]。一些欧洲绅士天天放鹰，甚至在作战和处理公务时也如此。只要天气允许，国王亨利八世每天早晚都要放鹰，而且如果不是他的驯隼人把他拉出来的话，他在某次放鹰时几乎淹死在沼泽中。中世纪西班牙驯隼人洛佩斯·德·阿亚拉认为，驯隼术是王宫贵族们教育

---

* 罗伯特·伯顿（Robert Burton, 1577—1640），英国学者、作家、圣公会牧师，最有名的著作为随笔集《忧郁的解剖》（*The Anatomy of Melancholy*，1621）。

的关键一环，因为它能防范疾病和诅咒，并且需要忍耐力、持久力和技巧。驯隼术在漫长地融入欧洲历史的大部分时间里，都被视为展示青春和活跃生命力的例证，但是，和所有精英活动一样，它也成为被讽刺的对象。理查德·佩斯（Richard Pace），这位都铎王朝的外交家、文学家，在其1517年的著作《人文教育之益处》（*De Fructu qui ex doctrina percipitur*）中，借一位贵族的口说道："知道如何优美地吹奏号角，熟练地打猎，高雅地训练并带上猎鹰，才能成为绅士的儿子！学写字，那该留给农夫的孩子去做。"[14]

虽然驯隼术和沉思冥想对立，但仍有神职人员热衷于此。达阿库西亚认为，"更加虔信的灵魂"应当去放鹰，以提高灵性，因为"持续的学习或太多的忧心之事降低了他们身上原有的灵气"。[15]公元506年、507年和518年召开的基督教大会严格禁止僧侣和主教参与驯隼活动，但这些僧侣们故意将"devots"（信徒）一词曲解，以躲避该法令的约束。* 教皇利奥十世就是一位瘾大到任何天气下都会放隼的隼迷。达阿库西亚形容他是"如此暴躁……的运动健将，毫不客气地将他的愤怒抛向那些未能遵循任何驯隼职责的人"[16]。温彻斯特的主教威廉·威克姆（William of Wykeham）也曾抱怨修

---

* 该词源于拉丁文 devovere，同时有虔诚信仰和诅咒双重含义。

图 53 　　19 世纪的一幅复原图，描绘的是霍亨斯陶芬
　　　　　王朝皇帝腓特烈二世（1215—1250 年在位）
　　　　　和他的一位驯隼人

女们把隼带进教堂，干扰了祷告。据说中世纪还有一位英国
伊利地区的主教，在发现有人将礼拜室里的隼偷走后，勃然
大怒地冲回教堂，威胁要把罪犯逐出教会。

第三章　驯隼

四海之内皆同好

神圣罗马帝国皇帝、霍亨斯陶芬王朝的腓特烈二世即使在已被逐出教会后，还不甚名誉地领导了一次十字军东征。同时代的人称他为"世间奇才"(stupor mundi)。现代的驯隼者也能熟悉地认出这位"腓二世"，认为他永远是世上最伟大的驯隼人，并仍在从其13世纪留下的巨著《鹰猎的艺术》中吸收点滴驯隼心得。经由他的王庭，东方的驯隼技巧和技术被带入欧洲。他的圣师，安提阿学派的圣经注释家狄奥多尔把阿拉伯和波斯的多本驯隼书籍翻译成了拉丁语。而且这位皇帝还"花大价钱"雇佣了来自阿拉伯、英格兰、西班牙、日耳曼和意大利的驯隼人。他写道：

> 我们……从五湖四海召来精通驯隼技艺的大师。我们在自己的地盘上款待这些专家，同时征询他们的意见，衡量其知识的重要性，并试图记录他们的语言和行动中更有价值的部分。17

数千年来，驯隼的技巧和技术在全然不同的文化间进行交换。欧洲的骑士们带着隼去东征，并从敌人那里学会了如何给隼戴上头罩。12世纪初，在当今的叙利亚境内，贵族将领、驯隼人穆奎德（Usamah Ibn-Muquidh）抱怨他的猎场

CHAPTER 3   TRAINED FALCONS

太靠近法兰克王国领地，以至于放隼的时候需要额外的马匹、随从和武器。由于敌对双方很大程度上共享一套驯隼术象征系统，因此能够用可以立即相互理解的方式去统一看待权力斗争和冲突。围困中的理查一世曾向敌方首领萨拉丁派去一位特使，为其饥饿的隼请求食物；萨拉丁马上单单为这些隼送去了几篮最好的禽肉。*1190年，法王菲利普二世被困于阿卡城期间，他所珍视的一只矛隼挣脱脚带，径直飞到城墙顶端。菲利普吓坏了，先是派出一位特使要求取回隼，遭拒绝后，又派出军号手、旗手和传令官，与第二位特使一同前往，带给萨拉丁1000枚金币，以换回这只误入歧途的隼。

在整个早期现代欧洲，周游列国的欧洲商人和外交家见识过令他们敬畏甚至迷惑不解的驯隼传统。马可·波罗熟知驯隼术，但中亚的隼猎规模还是让他吓了一跳。他尽量用平缓的笔触描述了大可汗带领万名驯隼人——这可不是文学夸张的数字，而是一支真正的庞大军队——进行隼猎的情景。在隼猎活动中，供大汗乘坐的大象有四头之多。象背上装着华丽的凉亭，里面铺上金丝花边毯子，外面装饰着狮子皮。"这种装备，"他写道，"也是按照忽必烈汗对远足狩猎的要

---

* 这里讲的是十字军东征时，英格兰狮心王理查一世（1157—1199）和埃及苏丹萨拉丁（1137—1193）之间的故事。后者的军事才能和骑士风度受到广泛尊敬。

第三章 驯隼

图 54   15 世纪晚期的一幅树胶水彩画，表现了一位全副武装的驯隼人手持一只白色矛隼

求制作的，因为他非常不愿意让自己走出一脚汗臭来。"

在这个凉亭里，为了消遣和做伴，他总是带着 12 只最好的矛隼以及 12 位有幸得到其特别宠爱的仆人。一旦鹤或其他鸟类从附近飞过，可汗旁边的骑手会通知他。于是可汗便升起凉亭的帘幕，若看到比赛在进行便放出隼。隼经过长长的追逐咬住鹤，并战胜它们。可汗舒服地靠在躺椅上，此情此景，再加上服侍他的男仆以及围绕他的骑手，给他带来了巨大欢愉。[18]

据理查德·伯顿爵士记载，波斯的国王们沉迷于驯隼术已到了甚至去训练麻雀和八哥捕捉蝴蝶的地步。17 世纪末，英国旅行家约翰·夏尔丹爵士（John Chardin）曾对波斯驯隼人的技艺津津乐道。他说人们可以看到驯隼人"手臂上带着鹰，一年到头在城市和乡村中走来走去"。夏尔丹还听到了一些奇怪且不那么友好的传说。这里的人似乎曾经普遍教隼去攻击人类。他震惊地写道："他们说，国王的鸟屋里现在还有这样的鸟。我没有见过，但我听说，我所熟识的陶里斯城 * 总督阿里柯利坎（Aly-couly-can）受不了用这种危险且

---

* 陶里斯（Tauris），克里米亚的古称，现在乌克兰境内。

残忍的运动给自己解闷，为此还失去了朋友。"[19]

驯隼术波及的地域极为广大。在 16 和 17 世纪，隼商把隼从佛兰德斯、日耳曼、俄罗斯、瑞士、挪威、西西里、科西嘉、撒丁岛、巴利阿里群岛、西班牙、土耳其、亚历山大港、柏柏尔诸国 * 和印度带到法国王庭。贝德福德伯爵五世从遥远的北非、加拿大的新思科舍和新英格兰进口隼。在很多欧洲国家，只有贵族才允许使用本国隼。在 16 世纪的英格兰，当外国隼被界定为奢侈品，每英镑交易额被课以一先令的进口税后，走私贸易开始兴盛起来。

然而到了 17 世纪末，欧洲的驯隼风潮逐渐褪去。路易十三是个例外：他是如此为驯隼术着迷，以至于一星期有好几天都要外出放隼，他甚至还为自己的芭蕾舞剧《美尔莱宋舞》（*La Merlaison*）写脚本，描绘隼追猎黑鸟和画眉时的精彩场景。在 18 世纪，以隼作为外交礼物的传统也逐渐消失，法国大革命之后，隼所代表的王室和贵族气不再受青睐。地主把他们的鹰巢改作他用，射击、猎狐、赛马等新式运动变得时髦起来。到了 19 世纪，欧洲驯隼术已经没落成极少数人的追求。他们联合起来成立了驯隼俱乐部——并被看作是

---

* 柏柏尔诸国（the Barbary States），16—19 世纪对北非海岸诸国的称呼。

图 55　　　阿尔吉尼亚的驯隼人正在前往猎场。19 世纪末，驯隼术常常显示出浪漫主义和东方色彩。由古斯塔夫·亨利·马尔凯蒂（Gustave Henri Marchetti）1898 年绘制的这幅油画就是极好的例子

一群怪人。这之中就有后印象派画家亨利·德·图卢兹－劳特累克的父亲。老图卢兹－劳特累克习惯身穿燕尾服，拳上停着隼，漫步在阿尔比市的大街上。亨利写道："毫无疑问，他甚至会给它们喂圣水来获得宗教救赎。"[20]

第三章　驯隼

图 56　　在马背上放飞猎隼或地中海隼的贝都因人，时间介于
1900 年到 1920 年间，地点在巴勒斯坦

帝国的驯隼术

但驯隼术仍在其他地方盛行。1913 年，美国作家威廉·科芬（William Coffin）解释说，虽然"欧洲驯隼术的存在……仅仅是作为少数迷恋中世纪运动的爱好者的一种癖好，但在东方，驯隼术可能的发源地，它依旧繁盛"[21]。19 世纪和 20 世纪早期的作家常常用非西方文化对驯隼术的坚持来证明，此种文化要么远远落后于西方，要么实际上完全游离

于历史进程之外。在帝国时代，驯隼术扮演了更为深入的角色。在很多国家，这种依然属于精英或统治阶层的运动似乎为社会阶层体系提供了一种全球化的可能。19世纪，热衷打猎的英属印度军官开始驯隼，并雇佣当地的驯隼人。他们不仅喜欢这项运动，而且把它看作是增强自己的精英社会地位并使印度士兵对其唯命是从的手段。在北旁遮普，骑兵和步兵的精英团为矛隼保护队保留了编制。军官们会放隼捕猎山谷中的鹿和波斑鸨。²² 第88路步兵团，即康罗特团的德尔梅－拉德克利夫（E. Delme-Radcliffe）中校在儿子刚生下来发出第一声啼哭后说出一句名言："上帝，我的隼群里有只小猫！"²³ 20世纪40年代，E. H. 科布（E. H. Cobb）中校在巴基斯坦吉尔吉特地区做政治监督官时，因猎枪子弹缺乏，妨碍他打山鹑，所以玩起隼猎来。不过让他高兴的是，他很快发现驯隼至少能使"当地的酋长乐意支持英国军官了"²⁴。他愉快地写道："从远古时代以来，驯隼术就被认为是皇家的运动，而且没有什么地方的封建领主能像兴都库什山一带的领主这么有优势……因为他们有权掌控这片最适合驯隼的广阔土地，并且统率着一支由驯隼人组成的大军。"至于说到驯隼术的现状，他补充道："亚洲的方法和我们的很相似。"²⁵

这些从帝国立场出发的臆想却抹杀了人们试图理解驯隼

术的功能在各文化之间产生不同的动力。像这样的一叶障目仍随处可见。即使今天，你还会碰到有人说，驯隼术之所以出现在海湾地区，是因为游牧民族想借此为贫乏的食谱增加些蛋白质供应。和许多 19 世纪的评论家所做的一样，这种功能性的解释对文化上的细微差异视而不见。至于贝都因游牧文化，它高度重视自然平等、克己忘我的品质，以及由此而生的宽宏之心，因此无论是从精神意义还是从社会意义上看，驯隼术在这里都占据着重要的地位。在放隼巡猎活动中，来自不同社会背景的驯隼人能够在沙漠中平等地聚在一起，交流故事，分享食物，而他们的隼此时正在营火光亮中歇息。

隼的贵族

在作家约翰·巴肯的惊险小说《绵羊岛》（*The Island of Sheep*）中我们可以读到，谍报英雄查德·汉内（Richard Hannay）的儿子是一名隼迷。"如果你饲养鹰，"巴肯解释道，"你必须成为一个相当熟练的保姆，给它们喂食、清洗和治病。"[26] 实际上，驯隼给英国绅士们提供了家庭生活的正统形式：在照料隼的时候，男人可以显得极细心同时又有男人味。对隼的训练则影射着对中小学男生的教育，后者的目的在于通过培养他们的纪律性、身体控制力、自我牺牲精神、修养以及荣誉感，来驯服并控制天生强健、野性和不守规矩的成长期男孩。驯隼也是如此。几个世纪以来，驯隼过程也被看作是对自身的训练，可以培养耐心，增强对身体及情感的自控能力。"驯隼对人的锻炼和对隼的锻炼一样多"，哈罗德·韦伯斯特在1964年简明扼要地说道，[27] 这个观念也许启发了英国的几所监狱，在改造犯人的规划中增添了饲养鹰和隼的项目。

在现代社会中变得柔弱的人，能通过接触野性的自然重振雄风。这一观念已经成了标准的修辞手法，从罗斯福总统到美国诗人罗伯特·布莱（Robert Bly），作家们一写到男性气概，便会这么说。和野性而凶猛的野兽发生联系——不管是猎杀它们，还是如驯隼术这般地训练它们——都常被当作治愈娘娘腔的万应良药。按照这一传统说法，驯隼人在驯隼过程中能呈现出隼的某些野性，同时，隼也能相应地呈现出人类的一些样子。"没有人能真正驯服隼，"一位美国驯隼人在20世纪50年代说道，"人只是变得稍稍如她那般狂野。"[28] 野性、力量、强壮等等这些被认为是人们在现代生活中遗失或忽视的阳刚品质，已经映射到隼的身上。驯隼过程中，驯隼人和隼之间充斥着一种彼此等同的心理，由此驯隼人能够重新占有上述品质，与此同时，隼则变得"文明"起来。而女性驯隼人依然没有几个，也就不足为奇了。

T. H. 怀特清晰地阐明，人隼之间那带有魔力的、近乎

图 57　　左边，小说家约翰·巴肯拿着一只茶隼；右边，他的儿
　　　　子则带着一只苍鹰。老巴肯曾担任过几年牛津大学驯隼
　　　　俱乐部的主席

弗洛伊德式的移情作用，即可视为驯隼术的本质。他将自己
的尝试形容为"一个厌倦几乎所有世人的人，独自置身森林，
去训练一只身为鸟类而非人类的人"[29]。怀特决定，用老式
的方法将他的隼"唤醒"。这包括"朗诵莎士比亚的作品来
保持隼的清醒，并骄傲而愉快地回想鹰隼传说"：

　　在霍尔萨巴德，有一片距今约三千年的浮雕，上面有一

图58　　　19世纪的一幅波斯国王纳绥尔丁（卒于
　　　　　1896年）的半浮雕

只隼立在一个巴比伦人的拳头上。很多人无法理解为什么驯
隼让人愉悦，但它就是如此。我认为我应该为自己能加入这
一历史悠长的族群而感到高兴。族群的无意识已成为一种媒
介，使自己的无意识极其细微地充盈其中，它不仅存在于现
存种族的无意识，更贯穿于所有已逝种族的无意识长河。亚
述人有后了。我握住这位祖先干瘦的手，所有的指节一一可
数，正如浮雕上结实的腿肚仍历历在目，跨越了千年时空。30

　　20世纪的许多评论者都和怀特一样，有着传承历史，

第三章　驯隼

133

图 59 　"莎士比亚的爱鸟遇见了穿 A&F 的男人"：战后美国人彻底改造了驯隼术（这是《狩猎与垂钓》杂志 1947 年 9 月号的封面。页面最下方大字为：驯隼术回归。——译者注）

结集成群的愿望；他们还将驯隼看作是浪漫的、田园牧歌式的、反现代的追求。20世纪30年代的美国，是一个类似"亚瑟王之骑士"（Knights of King Arthur）这样的青年团体涌现的时代，许多男孩都染上了"驯隼术病毒"，因为他们被驯隼术能让人再次回到骑士时代的幻想所诱骗。连成年人也无法免疫。极端的田园主义者J.温特沃思·戴（J. Wentworth Day）曾经和英国驯隼人俱乐部在肯特郡进行了一天的隼猎活动，他的记叙解释了放鹰远足何以是一场去往昔日的旅行。

站在如驼峰般拱起的不列颠城墙上，大海和沼泽都在你脚下，风吹着脸，鹰立在你的拳上。你也许发现，在这短暂时空里，你便是时代骄子。历史中的小小一页被翻回到千年以前。[31]

在两次世界大战之间的运动报道中，关于驯隼术可成为某种虚拟时间旅行的观点成了老生常谈。在"一战"的恐慌之后，驯隼术让人重拾起历史的延续性；这是一条纽带，一条与失去的田园牧歌时代相连接的疗伤之带。驯隼人本身很少写出如此华丽的散文。他们更倾向于把狂热情绪深深隐藏在野外运动着的粗犷行为之下。但他们也尽其努力地显示出英国的驯隼术从未消逝，且与过去有着割舍不断的联系。

50 年以后，斯蒂芬·博迪奥在《隼之怒》（*A Rage for Falcons*）中的最后一段话看上去像是出自同一个模子。在描写了一群现代美国驯隼人在雪中放隼和捕猎之后，博迪奥沉思道："无法形容这样的画面来自何时何地，并非在三块大陆之上，也不在四千年历史之内。"[32] 但驯隼术对博迪奥来说，驯隼术并非全部的历史。和许多现代驯隼人一样，他看重的是驯隼术再造人与自然的相互联系的能力。"这里正好位于城市的最边缘"，书中最后一句话写道，"看来我们找到了前进之路，找到了在 20 世纪触摸自然的路。"他的看法和将驯隼术看作是高强度观鸟活动的汤姆·凯德（Tom Cade）教授非常相似。博迪奥刻画的驯隼人"有着对森林和田野的感情，有着对生态学的直觉掌握"[33]。这种"将驯隼人视作生态学家"的观点首先由阿尔多·利奥波德（Aldo Leopold）在 20 世纪 40 年代提出。对他而言，驯隼比现代的、靠技术来提高的狩猎技巧更高一筹。它提供给人们洞察生态运行过程的机会，它需要人们进行精力充沛的室外活力并学习多种实践技巧。实质上，它还不期然地教会驯隼人一种心理学的技巧，那就是在野性和文明之间保持适当的平衡。利奥波德写道："哪怕是对待隼的一个最微小的失误，也可能让隼如人类一般'乖乖听话'或远远飞向蓝天。总而言之，驯隼是一项完美的爱好。"[34]

CHAPTER 3　TRAINED FALCONS

图 60　　一幅反驯隼术的版画，由皇家防止虐待动物协会发表于
　　　　　19 世纪。注意那些完全出于想象的夸张元素：飞鸟被
　　　　　牵在一根绳子上，另一只隼则被蝴蝶结绑住

被遗忘的野外运动？

然而很多人不会同意利奥波德的观点，他们把驯隼术较少地看作是一种与自然重新建立正确联系的方式，较多地看作是一种血腥的、返祖的活动。19世纪，皇家防止虐待动物协会就曾叹息，凡开始参与此项运动的年轻女士，其思想和行为无可挽回地粗俗化了。一个世纪之后，英国的一个反狩猎组织称，驯隼人之所以到远郊放隼，是为了避免让公众看到他们在做什么。我仍然记得一位驯隼人扬起眉毛，对这一说法做出了带有讽刺的反应。"那么说，观鸟爱好者跑到远地去，也是免得别人看见他们在观鸟喽？"他反问道。

在高度分化的狩猎之争中，驯隼术的位置饶有趣味。反对狩猎的一方将驯隼术描述成一种"被遗忘"的野外运动，因为在今天的文化社会环境中，它看上去更像是和观鸟而非狩猎同列：例如在英国书店中，驯隼术书籍更倾向于放入自然历史类而非狩猎类一栏。驯隼人，同时也是生物学家的尼克·福克斯（Nick Fox）满怀热情地将驯隼术提升为一种"绿色"活动，他争辩说，驯隼人"不需要建造运动场地或高尔夫球场来改变乡村，不需要杀死害鸟，饲养大批比赛用鸟，也无需限制公众的进入……驯隼是一种自然的、低影响的野外运动，自给自足，且充分适合现代人的需要"[35]。他

图 61　　作为阿拉伯文化象征的驯隼术遇上了作为美帝国主义标志的白头海
　　　　雕：半岛电视台 2004 年播出的漫画（画中一人背上文字为沙龙，
　　　　一人背上为布什。分别是时任以色列总理与美国总统。——译者注）

的看法至少和一位学院派的鸟类学家相同，这位专家告诉我，好的驯隼术是一种格外进步的人兽关系形式，它是如此完美地适合野生动物的行为方式。

然而正如他所指出的，更大的问题根本不是人们对驯隼和狩猎相关联的道德姿态，而或许是最为人所熟知的，非法从野外取走幼隼的行为。20世纪六七十年代，盗隼者对欧洲的隼栖息地造成了严重影响。再加上鸟蛋采集者们的活动，这些掠夺让同时还受到杀虫剂危害的野隼数量承受着巨大压力。今天，庆幸的是，因为人工孵育的幼隼已很容易得到，盗隼者在欧洲越来越少，违法者会遭到来自保护组织、驯隼人协会以及法律的严惩。但可惜的是，还有太多地方并非如此。在前苏联地区，隼走私有时少量，有时大批，甚至黑社会也参与其中，给一些猎隼的数量造成了毁灭性影响。同时，有史以来最成功的一次保护壮举——于20世纪70年代在美国大部地区重建游隼种群的行动——直接归功于训隼人。关于游隼濒危和重生的故事真的是非常精彩。30年前，对物种毁灭的灾难性预言比比皆是。但现在，游隼已经从美国濒危物种名单中除去。数百万美元、数以千计的人员、大学、政府、公司甚至军方，都参与了重建工作中。是什么使这样的成功保护故事如此迷人，如此引人入胜？

CHAPTER 3　TRAINED FALCONS

第四章 濒危的隼

雪豹、大熊猫、游隼、孟加拉虎，都是珍稀的观赏动物、环保主义的象征符号、电视上的明星。它们的肖像还常常登上杂志封面，其生活也是自然科学写作者们所喜爱的主题。这些物种身上环绕的光辉让其他较为普通的动物黯然失色。说白了，它们是名流，虽生存于野外，却也生活在浮华的杂志中。和其他为数不多被选出来作为濒危动物的代表一样，游隼正出现在这样的"A级名单"上。稀有是个难以界定的概念。要将它的生物学意义和文化意义分开来，是件难事。A级濒危动物名单看上去像是依据稀有程度制定的，实际上这种特征认定几乎不可能"全盘考虑"到动物本身的情况。就像在20世纪90年代，英国家雀数量下降，人们却想当然地认为它们无处不在，事实被成见掩盖，同样，知名濒危物种的命运就算已经扭转，也往往得不到公众的注意。例如，游隼如今在英国已比过去任何时候都更加常见，可英国广播公司2004年的网页上便将游隼描述为："现已稀少到要享受和大熊猫同等的保护了"。[1]

　　如何才能成为出名的动物呢？大熊猫和游隼都是在20世纪六七十年代被列入A级名单的。中国将大熊猫作为外交礼物赠送是冷战时期的标志事件；它们在西方的动物园内交配繁殖的附加意义远超出其保护价值。那游隼呢？20世纪五六十年代，游隼确实已经濒危。游隼的一整支亚种——

图 62　　商贩正在出售猎隼，北京，1909 年。这些隼也许都是打算驯隼用的。
　　　　　可即使有政府保护，隼在部分地区仍被食用

生活在美国东部，被称为北美游隼（anatum）的大型黑色猛禽——灭绝了；在广阔的北美和欧洲地带，游隼数目也降到了低得可怕的水平。这场灾难高度印证了人们此前赋予游隼的一系列象征属性——与野性相关的种种以及原始主义的魅力，并将游隼转化成为代表环境破坏的一个终极标志，体现出科技进程如何背叛了其创建一个更好的世界的承诺。

第四章　濒危的隼

失乐园

正如人们通常所讲的，保护隼的故事有打动人心的力量，这种力量部分是源自它的神话构架。人们熟悉的《圣经》就是其中之一。《圣经》里说，很久以前，在曾经的伊甸园中，人类和谐地与隼生活在一起，并给隼以尊敬。它们被当作神或神的使者受到崇拜。后来，它们被当作猎禽以及国王和皇帝的伙伴而受到珍爱。再后来，堕落开始了。我们失去了与野性的联系，无论是从象征意义还是从生物意义上讲，隼的命运都发生了巨大而令人绝望的逆转。首先是19世纪大规模的猛禽捕杀运动，再就是20世纪五六十年代灾难性的杀虫剂影响。当然，这个伊甸园的故事总还有积极的一面，因为我们正告诉自己：启蒙和救赎已经出现。逐渐了解这些鸟在自然生态系统中的重要作用，再加上逐渐接受食肉动物和自然界是一个整体的新说法，都驱使我们在这关键时刻去救助它们。再一次地，似乎人类开始理解并保护这些非凡的鸟了。

伊甸园的故事是一个强有力的正统神话。它可以对良性的、起恢复作用的保护行动提供力量，促进人们去思考人类与自然世界相关的道德伦理。但和所有神话一样，它是一种片面的解读，模糊了事实，妨碍着人们对故事的理解。在古埃及，隼确实是作为神性的表现形式被崇拜。但为制作木乃伊而大量买卖活隼的事实却和故事相"背离"。在早期现代欧洲，隼无疑是国王的飞禽。但又如何解释难以计数的隼在被隼商运往各大洲的途中死去这一情况呢？在中世纪，隼被立法保护，敢于捉隼或捡隼蛋的平民会受到严厉惩罚，这些法律是为了显示权力的作用，而非出于对隼的关心。我们应当小心，不能仅仅因为中世纪的国王们希望保护自己的象征性财富，就把一种对自然的开明观点归到他们身上。最关键的是，伊甸园神话掩盖了当下清晰存在的隼保护危机。如果在黑暗的 DDT 农药时代之后，无人庆祝游隼的回归，也无人为忘我工作而促使游隼回归的机构或个人鼓掌的话，那可就荒唐了。但欢欣过后应当平静下来，因为我们意识到我们的罪还没有赎清，故事远未结束。如本章结束时表明的那样，栖息地的丧失、杀虫剂以及走私，仍然危及到世界多数地方隼的数量。

不管如何，与隼有关的伊甸园神话是植根于历史事实构架的。这个故事之所以只能一下子说出来，是因为隼的文化史确实被其象征性命运中那些惊人且巨大的改变遮盖了。

坠　落

到了 19 世纪，射击取代一度风靡的驯隼术，占据了运动中的首席地位。"飞行物射击"已成为神射手的检验标准、精英运动协会的追逐目标。猎枪的铳击声，而不是隼的铜铃声，响遍欧洲的荒野、岩崖和农庄。庄园主们竞相为受到邀请的猎枪手提供竞技服务。所有预示着要和猎枪一争高下的动物都成了"不受欢迎的人"*。隼不再是国王的伙伴，它们已成为最糟糕的害鸟。猛禽灭绝运动大规模爆发的时代开始了。

从事射击运动的人起先发现，对这项娱乐而言，有一种鹰特别令人讨厌……它是残忍的掠夺者和杀手，即使在完全饱足以后也会为消遣而猎杀。一名真正的射击手若看见这种"猎鸭鹰"(即游隼) 而没有立即举枪射杀，就不该受到重视。2

19 世纪，猎杀猛禽成为英国猎场看守人受雇的条件。例如，在苏格兰的庄园，新来的看守签过这样一句誓约，称他们将"尽己所能消灭所有猛禽等，包括其巢穴，无论在庄园中的任何地方。祈主保佑！"3 从空中坠落的隼尸被挂在高枝上，或被送到标本剥制者那儿，做成家中摆设的战利品：国王的禽鸟降为了树上摇晃着的一堆骨头和羽毛，或成

---

* 原文为拉丁文，persona non grata，常应用于外交辞令中。

图 63　　刚被固定上的一只游隼，出自蒙塔古·布朗（Montagu Browne）1884
　　　　年所著《实用动物标本制作》（*Practical Taxidermy*）一书。绳子、卡板
　　　　和钉子在数周之后会被去掉

了玻璃柜后面已经砷化物处理过的标本。"唉！"英国自然
学家兼驯隼人 J. E. 哈廷在他 1871 年撰写的手册《莎士比亚
的鸟类学》中写道，"我们只能眼睁睁地看着高贵的隼，如

第四章　濒危的隼

同小偷一样，被吊在'看守者之树'上。"⁴

只有少数人没有大开杀戒。不同寻常的是，苏格兰的猎场看守人杜格尔·麦金太尔（Dugald Macintyre）是一名驯隼者。他把隼看作大自然的运动健将，与他一同分享捕猎的技能、习俗和战利品。他解释说，野生游隼计算它们俯冲向猎物的时间"就跟一位伟大的射手计算子弹击中远处飞行物的时间一样"⁵。他认为它们处决松鸡的方式比人类更人道。然而，视隼为自然运动健将阻止不了人们对它的屠杀。在很多情况下，这只会让它们成为对 19 世纪的运动绅士更有吸引力的目标。射杀隼给了他与对手斗智的机会，而这样的对手与其自我形象之间又有足够多的共通之处，从而形成了势均力敌的战斗，好比一场"决斗"。被射杀的游隼先是送到伦敦皮卡迪利大街上的标本剥制专家罗兰·沃德（Roland Ward）那里，之后放在某人家中，立即成为一份战利品、一份彰显主人卓越技能的担保书、一种对当事人个性的延伸比喻。在英国作家亨利·威廉森（Henry Williamson）1923年撰写的自然寓言《游隼传奇》（*The Peregrine's Saga*）一书中，那些处于危险境地的游隼清晰地表明，现代贵族始终将准星对向它们。威廉森笔下的游隼映照出英国贵族的日渐没落，第一次世界大战和苛刻的新税制给予了他们双重打击。威廉森的游隼是由血统、权力、历史以及高贵地位构成：一个名为"德文·恰客切克"的游隼家族（the Devon Chakcheck）是"一个比英国西南部其他隼家族更骄傲、更令人敬畏的家族"，一个"古老而高贵的王朝"。[6]实际上，一位"英国国王"曾为这支隼系的一位祖先授予过伯爵爵位。[7]

20世纪初，美国政府的科学家研究表明，并非所有猛禽都捕杀比赛用鸟，有些更喜欢吃田鼠和青蛙。依其"习性的好或坏"，猛禽可以被看作益禽或害禽。大萧条时期的鸟类爱好者们欣喜地抓住了这一点。他们四处散发宣传单，将鹰描述成对偷食美国农作物的啮齿动物宣战的"战士"。他们写道："'守护鹰'能帮我们免于饥荒。"[8]但这一时期，在美国被冠以"鸭鹰"这个俗名的游隼并没有赢得猎人们的一点同情，而大型隼类也没有在鸟类生态学者的调查中得到更多加分：

> 灰色矛隼，开了五个胃检查，四个里面是田鼠，另一个里面残存的是海鸥。北美草原隼，好坏习性五五开，既捕捉比赛用鸟，也捕捉啮齿动物……"鸭鹰"（即游隼），对水鸟和家禽有害，也捕捉小型鸟类；食谱延伸到昆虫和老鼠，但总体而言，害处大于益处。[9]

捕杀食肉"害鸟"曾被认为不仅符合道德，也是生物学意义上的负责任行为。这个观点一直延续到了 20 世纪。20 世纪 20 年代，美国最著名的鸟类保护机构奥杜邦学会 * 曾在其保护区内射杀食肉猛禽；到了 50—60 年代，很多欧洲国家仍在为猎杀食肉鸟类的行为支付奖金。保护行为的本质是竞赛管理，这种认识曾体现在许多政府部门和组织机构的政策中。1958 年，国际自然保护联合会的代表告诉鸟类保护专家菲莉斯·巴克利 - 史密斯（Phyllis Barclay-Smith），如果提倡保护食肉鸟类的话，那她就不可能是一个鸟类保护主义者。

曙　光？

在两次世界大战之间，美国的猎鹰者们过着太平日子。于是他们聚到一起，射杀从宾夕法尼亚蓝山山脉迁徙来的猛禽，其人数之多，都到了他们丢弃的铜弹壳能收集起来当作破铜烂铁卖掉的地步。但时代正在改变。在震惊不已的爱鸟者们发出警报后，鸟类保护者罗莎莉·埃奇（Rosalie Edge）于 1934 年筹资买下这座山脉，重新命名为鹰山，并由此引领了一个新时代；人们开始前来观察猛禽，而非猎杀它们。

---

* 奥杜邦学会（Audubon Society），美国致力于野生动物和环境保护的组织，创建于 1886 年，名称为纪念美国鸟类画家奥杜邦。

在马萨诸塞州，鸟类学家约瑟夫·黑格（Joseph Hagar）设立了看守职位，以保护每个游隼巢远离拾蛋者、枪手、驯隼人以及其他各种干扰。观察游隼巢还带来别的好处：即看到神乎其技的飞行，比世上最伟大的飞行员的还要高超；黑格显然是对雄隼所展示的"俯冲，翻滚，折线式起伏"场景感到兴奋。说它们"感觉就像霹雳……接连完成三个垂直的360°翻滚"，然后——

呼啸着飞过我们的头顶，翅膀划开风，像是撕裂画布的声音。在悬崖峭壁的映衬下，它的速度显得比在开阔蓝天中更加可怕。观看这样的飞行表演，会感到十足地兴奋；我们情不自禁站立起来，为之欢呼。[10]

黑格的文章也暗示着隼生存环境的另一次标志性转变。"撕裂画布"是一个关键词，文章中充斥的这类语言就像是在传递航空时代的福音。对航空飞行的狂热赋予了隼新的象征意义，在两次世界大战之间的那些年里，类似空中英雄般的气概、风、速度、力量这类话题席卷了整个国家。

旅游业的发展在某种程度上激起了环境国家主义的浪潮，动物中的一些物种被逐渐提升为象征昔日美国之野性的活标本。[11] 如今动物成了正经的娱乐，成了被公民阅读的美国历

图 64   1948 年，鸟类学家罗杰·托里·彼得森（Roger Tory Peterson）和理查德·赫伯特（Richard Herbert）在哈得孙河岸的游隼巢旁。20 世纪初，作为消遣的鸟蛋采集曾给那些易于触及的隼巢带来危害。幸亏这种活动现在已经不再流行

史"故事"。野外鸟类学家阿瑟·艾伦（Arthur Allen）在一本年轻人的鸟类研究杂志上写了一篇"鸟传"，以极端浪漫的原始主义视角去表现游隼，并恳求得到游隼的宽恕。他的行文借用了游隼的口气，也代表了一个以上千名男孩为读者的冒险杂志的声音。

我和我的故事不适合胆小鬼……让我只把你胸中原本狂野的那部分感受唤醒，如身体对抗的欢乐，肉体毁灭与对手瓦解的刺激。让我只是给你一个基本的刺激，我为你所做的事，所有那些没有多少羽毛的家伙做不了，我感到满意。12

若将隼类如此奇妙的原始特质吸收过来，不再非得去射杀它们。现在你能用相机"捕捉"它们，用伸缩式望远镜或双筒望远镜和它们交流，抑或训练它们：驯隼术在这个时代强有力地复兴了。奈特船长 * 的电影、讲座、图书和文章向人们展现出一种十分与众不同的隼。奈特是当时极受欢迎的一位演讲家、驯隼人、天才的电影人、专注的自然学家，还是讲故事的高手和天生的公众人物，他和他所训练的金雕拉

---

* 奈特船长（Captain C. W. R. Knight, 1884—1957），英国著名冒险家、作家、摄影者，并客串数部电影。1945 年因在电影《我行我路》（*I know where I'm going*）中饰演一位带金雕的船长而闻名。

姆肖先生（Mr. Ramshaw）所做的登台表演在美英已成为传奇。没错，奈特将隼抬升为行侠仗义的冒险者和勇敢的斗士，甚至还是优秀的父母。这些隼不是恶人，而是模范公民。

年轻且充满活力的驯隼人兼自然学者，孪生兄弟弗兰克与约翰·克雷格黑德＊在奈特留给后人的基础上又发表了一系列畅销书和专题摄影集。他们从自己所研究的隼身上看到了自己的冒险本性。这里，弗兰克·克雷格黑德和一只野生的雌性游隼相互打量：

那双眼睛显露着她的天性，我能从中看到她的生活。我可以看出她对自由，对狂野无垠的天空的爱。我可以看出冒险精神，对刺激的渴望，对勇气的贪婪。我可以看出一位空中的尤利西斯对漂流和浪迹天涯的贪求，一位超脱的游子在观察和挑战这个世界。13

克雷格黑德兄弟用之前专门用在传统宠物身上的那些措辞来描述他们所训练的猛禽：这些隼成了可爱的、富有个性的鸟儿。他们的幼年游隼尤利西斯有"温和而智慧的

＊ 弗兰克与约翰·克雷格黑德（Frank and John Craighead），生于1916年的美国冒险家和环保主义先驱，美国克雷格黑德环境研究所创办人。

CHAPTER 4　THREATENED FALCONS

表情，善察且友好"，当它长大后，模样越来越好，从小狗般的好奇蜕变成熟，充满了强有力的独立精神和内敛性格：人们在此见证了如何用隼来描绘文化所认可的美国青年成长轨迹。[14]

兄弟两人也成熟起来。几年后的 50 年代，他们发表了关于猎食生态的专著，将猛禽提升为生态秩序的卫士。猛禽的猎食使得猎物之间的数量，以及猎物数量和它所处的生态环境之间取得平衡，创建出一条平均且中间的路线。有趣的是，对隼的最新科学认知常常和对其自然角色的早期认知相吻合。在大西洋彼岸，生态学家哈里·萨瑟恩（Harry Southern）看到了猛禽在英国战后生态重建中的重要作用。他建议，"计划细密地引入"食肉猛禽能减少啮齿动物的数量，这些啮齿动物会破坏农产品，并阻碍"我们国家森林的重建"[15]。对萨瑟恩而言，猛禽是盟友，也是从事造福公众的大规模生态实践的科研同事。正如一个运转良好的社会建立在不同角色和专长的人群基础上，现代生态学家认为每个物种在自然社会中也有各自的角色和专长。作为摄食金字塔顶端的"无天敌物种"，隼的角色何在？隼的这种位于食物链顶端以及野生群落能量汇聚终点的特性，加强了它们与高社会等级的长期关联。隼被罗曼蒂克地看作"真正王者尊严的体现"，而现在，这个为人所熟悉的观点可能被科学本身证实。萨瑟恩的文章结语处似乎充斥着这样一种生态学理论和大众文化象征的融合，他在此写道："应当鼓励正在消失或已经失去的猛禽重返它们的王国。"[16]

灭　绝

然而，隼却正在走上恰恰相反的路。悄无声息地，几乎在不知不觉间，它们消失了。忧心忡忡的驯隼人首先注意到当地的隼不再繁育后代，但却不知原因，更没有意识到这已是普遍现象。例如，在马萨诸塞州，当约瑟夫·黑格发现上一年还有哺育迹象的某个游隼巢本年却没有新生鸟时，他将之归咎于浣熊。1950 年，那对游隼夫妇最终也从居住历史久远的悬崖上消失了，只留下人们对其巢中奇怪的四年来净是病弱小鸟、破碎蛋壳和失踪鸟蛋的记录。在大西洋彼岸，英国康沃尔郡那岩石密布、海浪不断冲刷的岸边，游隼爱好者迪克·特里莱文（Dick Treleaven）也为同样的事情迷惑。他报告说，在他观察的六个隼巢中，只有一个在 1957 年成功孵育出幼隼，而 1958 年则全军覆没。业余自然学家的预兆性报道与其说是引不起主流科学家的重视，倒不如说是仅仅被错过了。例如，特里莱文就在英国驯隼人俱乐部的杂志《驯隼人》（*The Falconer*）上发表了他的发现，而这份杂志却在学院派鸟类学家的视线之外。

CHAPTER 4　THREATENED FALCONS

图 65　　　体形大、羽色深、生活在东部的北美游隼。这张照片拍摄后的几年内，
　　　　　　杀虫剂导致了整个物种的灭绝

　　于是，直到 1963 年，英国自然保护理事会的生物学家
德里克·拉特克利夫（Derek Ratcliffe）发表了关于全国游隼
数量调查报告后，英国的鸟类学家们惊呆了。具有讽刺意味
的是，这项政府调查竟然是因为赛鸽爱好者们抱怨现代英国
上空游隼太多而开展的。情况很糟。数字令人震惊。英国游
隼的数量自由落体式下降：它们还不足战前水平的一半。整

第四章　濒危的隼

157

个英格兰南部只剩下三对了。历史久远的隼巢空空如也，几乎找不到被养育的幼雏，随后甚至出现了雌性游隼啄食自己的蛋的可怕报道。

拉特克利夫怀疑是杀虫剂引起了游隼的衰亡。50年代末和60年代初，公众曾强烈抗议大批灭杀农田鸟类，而新一代农用化学品则是已知的罪犯。这些化学药剂——阿尔德林、异狄氏剂、迪厄尔丁、七氯，还有美国军方的神奇药剂DDT——在英国、西欧、美国东部的农业区上被大量应用，其中尤以美国东部的用量最大。它们的化学成分稳定，使用后不被分解，于是残留下来，集中在食物链中，逐步在肉食动物的组织内达到致死或亚致死剂量。游隼减少与杀虫剂相关的证据越来越多：拉特克利夫曾发现一枚变质的苏格兰游隼蛋中含有四种不同杀虫剂，其中包括DDT的降解产物DDE。游隼消失也可能和农地的使用相关：游隼在适耕区消失得最快，而且消失速度和范围似乎与杀虫剂在战后英国的使用模式相吻合。

1962年，蕾切尔·卡森*的著作《寂静的春天》毫无顾忌地揭露了杀虫剂工业及其产品的危害。这本充满力量的小

＊　蕾切尔·卡森（Rachel Carson，1907—1964），美国水生生物学家，以其小说《寂静的春天》（*Silent Spring*）引发了美国以至于全世界的环境保护事业。

图66　　　一幅欢快得令人不寒而栗、信息完全错误的早期 DDT
　　　　　广告："DDT 对我真好！"

册子惹怒了化工产业，并使整整一代人意识到污染的可怕。在这部精心写作的书中，卡森详细介绍了新杀虫剂成分，以及它们对生物栖息地、生态群落、动物及人类的影响。DDT 的用量格外多。例如，在美国东部的果园里，反复施用使每公顷土地残留近 32 磅农药。在这些果园里猎食的一种东部黑色游隼——北美游隼，遭到最严重打击。它们在四五十年代的数量下降突如其来，前所未有，几乎没有人注意到，在某些区域几近完全不见。它们很快灭绝了。环境记者大卫·齐默尔曼（David Zimmerman）后来判断道："游隼数量下降未被察觉，因为它不是一种讨喜的妇人鸟，轻易就能循着草地上的轨迹，接近喂食者，所以也就极易被人忽略了。它是男人的鸟，一种强壮、沉静、特立独行的猛禽。"[17]

证据和恐慌

《寂静的春天》出现在书架上的那一年，杰出的美国鸟类学家约瑟夫·希基（Joseph Hickey）听说，整个美国东部全年连一只这样"强壮、沉静"的猛禽也没有哺育出来。"我想我那时认为，"他后来说道，"那些驯隼人——不管是正牌的，还是冒牌的——可真是非常非常忙啊。我没有意识到这个地区的大多数鸟巢此时其实已经神秘地荒废了。"[18]提高警惕之后，他组织起一次游隼调查，其结果如此令人震惊——所有一百来个被观察的隼巢全都荒废了，以至于他于1965年在威斯康星—麦迪逊大学就游隼问题召集了一次国际研讨会。与会者得到的消息比他们想象的还要严重。来自各地的报告让一幅可怕的图像浮现出来。这不是一个地方性问题，这是洲际，甚至可能是全球性的问题。看上去游隼或许会永远消失了。

德里克·拉特克利夫的会议报告具有说服力。它坚持认为是杀虫剂导致游隼数量降低。拉特克利夫也揭开了隼吃掉自己的蛋的秘密。在英国，当他从一个刚被废弃的隼巢中处理蛋壳时发现，这些蛋壳看上去比博物馆过去收集的那些蛋的壳要薄。在直觉的引导下，他发现，现代蛋壳比战前的薄20%——结果就更容易在孵育时破碎。一旦不小心弄破蛋壳，雌游隼通常便会这样来处理：吃掉它们。美国的游隼蛋壳也同样变薄。后来，两个政府试验室，即英国的芒克斯伍德实验站和美国马里兰州的帕托克森特野生生物研究中心，终于提供出实验数据，证明游隼因猎食被污染的鸟类而导致体内积聚了大量DDT。被毒害的游隼要么直接死亡，要么因为DDT的代谢产物影响钙的吸收，而产下薄壳、不育的蛋。

当游隼的困境进入公众视线时，昔日人类和鹰隼之间可相比拟的地方获得了一种令人吃惊的崭新意义。对于当时正在承受极端冷战妄想，失去对技术定位的信心，失去对政府的信任，承受着来自"反应停"*、锶-90、核尘埃、石油泄漏和核污染的公众而言，杀虫剂就是在学院科学和进步神话的棺材上钉下的又一颗钉子。如同《野生动物保护者》(*Defenders of Wildlife*) 杂志所言，隼成了"精炼的野性"[19]。

类似情况也出现在人类那里。辐射病和杀虫剂污染之间的相似性被以图形方式描绘出来：公众一次又一次地注视着那些简洁的金字塔图，它们显示出放射性尘埃是如何落在草

---

* "反应停"，一种减轻妊娠反应的镇静剂，因诱发胎儿畸形，已禁用。

第四章 濒危的隼

161

图 67   1970 年，英国首相哈罗德·威尔逊在访问芒克斯伍德实验研究站时看到一只死去的游隼

地上，再被奶牛吃下，积聚在牛奶中，最终隐遁在哺乳期母亲的骨骼里。这些生物积聚示意图与显示 DDT 在另一种顶级捕食者游隼体内积聚的示意图几乎分毫不差。

突然，隼和人类成了工业病下的难兄难弟，两者都是居于各自食物链的顶端，游隼的命运成为污染社会的寓言、人类自身命运的凄凉预兆。1968 年，迪斯尼的自然传记片《游隼瓦尔达》（Varda, the Peregrine Falcon）围绕着"黑暗而不幸的环境威胁游隼生存"这一主题展开，吸引了六千万观众收看，并成为当年收视率最高的节目。[20] 1970 年，英国首相哈罗德·威尔逊视察芒克斯伍德实验研究站的有毒化学研究小组时，曾在摄影师面前忧郁地看着一只死去的游隼。技术革命的白热化已经显示出不幸的副作用。

临床鸟类学

那还能做什么？保护游隼是当务之急，而立法也要及时跟上。然而，问题不是游隼受到了虐待。杀虫剂才是罪魁。在希基召集的麦迪逊大学研讨会上，许多与会者都希望此刻就做点什么。他们中的很多人都驯隼，游隼可能灭绝的前景简直一刻也不能令其心安，他们都担心自己也许再不能放飞这一物种了。

在英国，主动禁止某些永久性杀虫剂的禁令终于被艰难下达，游隼数目的下降似乎有所减缓。但在美国，情况还很危急。麦迪逊大学研讨会的 13 名参与者成立了以驯隼人唐·亨特（Don Hunter）为领导的猛禽研究基金会。基金会视自身为一个集合和协调有关猛禽生态学及人工养殖信息的交换所——本质上，这是一个紧急方案，一次全力阻止游隼灭绝的努力。基金会的会议艰难而紧张。他们从上午八点一直开到晚上十点半：就可能性、战略和技术问题展开热烈的、头脑风暴式的讨论。

这些人开创了极端带有操控性和干涉性的保护技术，远远背离了无为而治的环保主义者所奉行的"保护与保全"的行为准则。大卫·齐默尔曼将这种新的应用科学描述为"临床鸟类学"，即人类积极地介入濒危鸟类的生命周期中。对于处理起被活捉的鸟来驾轻就熟的驯隼人和农学家而言，这是一种平常的方法。所以，他们想：为什么不把那些薄壳蛋从隼巢中援救出来，然后放到人工孵化器中孵出，之后再把幼鸟送回巢中？如果将待哺育的游隼幼鸟放进草原隼的隼巢，让草原隼来养育它们又如何？最具开创性的是，能否先笼养幼隼，然后再把它放入未来更为洁净的野生环境中？这些计划所需要的技巧和技术均未经测试。人工大量繁殖笼养的隼可行么？如果行，该如何进行？为此需要什么？

对 20 世纪 70 年代初的很多评论者而言，大量繁殖笼养的隼是不可思议的。怎么可能指望在鸡笼鸽舍里养育这种注定将要灭绝的"精炼的野性"呢？美国女作家费丝·麦克纳尔蒂（Faith McNulty）在《纽约客》杂志上写道，哺育隼是一项伟业，"难就难在无法在野外培养出种群或向行家提供适合的鸟儿"[21]。但她的看法已被证明是错误的。在整个北美，那些在自家后院养隼的人接受了这个挑战，他们建起很多不同形式的鸟笼和隼舍，所有人都在祈祷他们的游隼、草原隼、地中海隼和其他猛禽能繁殖。与这些个人努力并存的，是成因可追溯到猛禽研究基金会第一次会议的几个大型公共

图 68　　对被捕捉并饲养的隼而言，家养鹌鹑是极好的食物
　　　　来源。一只雌游隼在喂它的三只雏鸟前，向下盯着
　　　　摄影师看

项目：位于阿尔贝塔省，由理查德·法伊夫（Richard Fyfe）
管理的加拿大野生动物局下属机构、加利福尼亚州的圣克鲁
斯猛禽研究小组，以及明尼苏达大学猛禽研究中心。

　　但无论是在特制小房中养了几只隼的隼爱好者，还是通
过闭路电视监视游隼的博士生工作组，人人都将数据、报告
和技巧拿出来分享。"如何人工繁殖隼？"所有的人都关注
这一问题。渐渐地，事情变得明朗起来。饲养隼不需要巨大

的鸟笼。它们喜欢相对较为封闭的环境。它们喜欢待在窝里的角落。如果将它们的第一窝蛋取走做人工孵化，隼父母还会再产一窝，大大提高其生产率。刚孵出来就被取走的雏鸟比长大一些后才被捕获的鸟更有可能实现笼中养育。诸如此类。

游隼基金会

在美国，康奈尔大学隼繁育研究室的建立很快成为最成功、最出名的项目。它的出现是康奈尔鸟类学实验室负责人汤姆·凯德的点子。当凯德还是个孩子时，曾在加利福尼亚州圣迪斯马斯水库边，看到一只雌游隼扑倒一只水鸟。从那一刻起，他就成了隼迷。"我们听到声音，仿佛一枚六英寸炮弹从头顶呼啸而过，那是一只隼。"他回忆说。[22]

康奈尔大学的隼屋长达近 70 米，装备精良，以"游隼宫殿"而著称。这里居住了 40 对大型隼，多数由驯隼人捐赠。它们居住在宽敞、可做实验的饲养笼中，由闭路电视昼夜监视。这项计划的目标是为驯隼人及科研机构大规模地繁殖游隼，以及最关键的，让它们重返野生世界。很快，该项目成了法人组织——游隼基金会有限公司。这是动物保护的"大科学"，一次充满激情、颠覆观念的尝试，且需要大量资金。基金有各种来源——美国自然科学基金会、IBM 公司、奥杜邦学会、世界野生动物基金会、美国渔类及野生动物局，甚至美国陆军装备司令部。游隼基金会对公众的积极态度使其倾向于提高媒体曝光率，并从关注此事且乐于出力的人群中获得了数千美元个人捐款。从美国军方的资助，到校园义卖会及饼干义卖活动的收益，每一块钱都被集中起来。

1973 年，游隼基金会从三对有繁殖能力的游隼那里孵育出 20 只幼鸟。和美国各地的众多饲养者一样，在加拿大的阿尔贝塔省，理查德·法伊夫的项目也孵育出了幼隼。游隼基金会的发起人之一鲍勃·贝里（Bob Berry）开创了一种能繁殖更多隼的新技术：人工授精。对如今的隼饲养者来说，这是一项标准技术，需要相当多、不同寻常的技巧。如果一只幼隼是由人饲养的，它会对人类产生"印记"，即对人类做出的反应就好像他们也是隼一样。印记饲养员的任务就是和一只已对他产生印记的隼建立起伴侣关系，模仿真正的隼的行为：他会像求爱时的隼那样弓着身子，制造"嘎嘎"的求偶声，并给它带来食物。最终，这只隼——如果是雄的——会认定它的印记饲养员为配偶，并通过一只特制的乳胶帽完成交配。这位印记饲养员之后会用吸管将这只隼的精液从帽子里收集起来，用其为一只也对饲养员形成印记的雌隼授精。这些都要在一天内完成。这种鸟和人类之间的人工关系往往引起普通公众轻微的困窘或嘲笑。印记饲养员们于

图 69　　这只对人类产生性印记的雄性游隼正在和一顶结构特殊的帽子交配。帽子下是游隼基金会的饲养员卡尔·桑福德（Cal Sandfort）

是很快就学会不跟非养隼人的朋友探讨其职业细节了。

良善的科学

汤姆·凯德和理查德·法伊夫这样的科学家兼环保主义

者让媒体着迷。那些本身对隼并不迷恋的记者和作家很想知道，是什么原因驱使这样的人去拯救游隼。大卫·齐默尔曼对这个问题的解答带有高度的心理学意味，他认为，拯救动物物种的个体努力反映了深层次的，个人对于不朽的渴求。保留一个物种相当于"一次不朽的拯救"，他解释说，"参与这一行动的有限生命……超越了他自身生命的限制……这里真的是存在一种潜在的人类动机！"[23]

　　游隼基金会以及其他研究机构的努力也可以看作是对科学自身的救赎。在 20 世纪 60 年代的新气候下，科学不再被理所当然地认为是一种永续的进步力量或一种超脱的、意识形态中立的智力追求。公众对科学机构和穿白大褂的专业人员的不信任达到最高点。凯德和他的游隼基金会有所不同。凯德在媒体中呈现为英雄形象：强壮、富于爱心、热情洋溢且道德端正。新生代科学家所面临的这个世界已对学院派科学的良善失去了信心。这些重新出发的科学家都是英雄。肯尼迪执掌下的白宫不可思议地点亮了这个时代，游隼基金会就沐浴在其中。"回头看来，"凯德最近提及当年时写道，"我相信这是某种'卡米洛特'精神 *——在一个特别的地方，一段特别的时期，一些非常特别的人全力投入到了使游隼重

---

* 卡米洛特（Camelot），传说中亚瑟王的城堡，骑士精神的发源地。

返大自然的事业中。"[24]

放飞隼

这些"非常特别的人"几乎都是驯隼人。对于如何将人类捕获并饲养的隼放生野外这一难题，被凯德称为"先进技术"的数千年驯隼史提供了现成的解决方案。人们在几个世纪中采用的"驯飞"(hacking) 技术就是为了使那些一孵出即被人从巢中取走的雏隼提高飞行技巧的。在雏隼学习飞行和猎食前，它们被放入室外的人工隼巢，即通常所称的"驯飞箱"中，一直由人类喂食和照料，这个过程可能持续数周时间，如同达阿库西亚在 16 世纪就描述过的："整个 5 月和 6月的几天就这样过去，直到幼鸟学会了功课，能立上高枝，飞入风眼，如同明灯一般悬挂在空中。"[25] 到这个时候，驯隼人俘获这只幼隼，就开始训练了。

驯飞看上去是一个完美的解决方案。在为了保护而实施的驯飞和为了驯隼而进行的驯飞之间，唯一的区别在于，对于前者，你无需再次将隼抓回来。在哪里设立人工隼巢是下一个问题。让隼重新住到历史久远的东海岸崖巢中是人们迫切希望的，这是地理上的怀旧情绪和动物保护实践的紧密结合。幼鸟会"印记"这个隼巢，一旦它们长大可能还会再回来，也许还将在这里生育。就是在这些陡峭的悬崖上，游隼

图 70   在人工孵育箱中孵化出来以后,雏隼要用撕碎的鹌鹑肉喂养几天,
然后再被带回父母身边。在这个早期阶段,它们特别娇嫩,需要
持续保暖

基金会的工作人员曾经看到有雏隼居于其间的巢,在目睹了
充满活力的当地风光遭到破坏后,他们希望在自己的有生之
年使这里的生态重新焕发生机。帮助确立驯飞地点的汤
姆·梅希特尔(Tom Maechtle)解释说,他的工作使他深深
理解了"悬崖生态学","隼曾经使生态系统完整,当隼死去

后，悬崖也死寂了。看到游隼从旧巢飞起，就是看到自然又恢复正常了"。[26]

然而，最初的主要重建实验并未完全按计划进行。由于没有具攻击性的成年隼保护，那些被放回岩间旧巢中，最近才会飞的幼鸟，常常在睡着时被大角鸮猎食。1977年，五只隼便如此丧生。凯德认为，"除了避开它们，我们没有太好的办法"[27]。因此，在非传统地点，如高塔顶端建巢驯飞，取得了更多的成功。在新泽西州盐碱地的高塔上，在美国马里兰州卡罗尔岛上一座二十多米高的废气罐测试塔上，鸟儿们成功地学会了飞行。这些被广为宣扬的放飞行动进展顺利。1980年代初，游隼基金会每年放飞的游隼超过一百只，一部分是在美国东部，更多的则是随着科罗拉多州第二个分支机构的设立，放飞到美国西部的前游隼分布区内。游隼基金会和其他专门机构的回归引种方案成功了，它已达到让游隼回到之前它在美国的多数分布区去繁殖的效果，这是保护生物学史上具有深远意义的一次生态恢复。

被捕获的游隼还有多少野性？

但是，放飞这些被人捕获并饲养的隼也引起了争议。把这些鸟放飞到野外是正确的吗？如果美国东海岸已灭绝的北美游隼曾是远古在本地留下的最后残片，那这些新出现的鸟又是什么呢？它们不是在此地进化来的。这些杂种鸟混合了不同的基因和产地，它们的父母来自像西班牙和苏格兰这样的远方。它们不是在美国东部经过千年进化而来的那些隼。它们到底有多"野"？显然，根据其十足的天性，野性的纯然本质应当是在悬崖峭壁上养成。在烘箱里孵化，在高墙内成长起来的隼是不是没有多少野性了呢？

对于这些被放飞游隼的原产地问题的争执，启发了人们对于整个保护生物学发展历程中的自然价值做出深刻且观点各异的论辩。在环保哲学体系中，一个当前的观点是，通过诉诸其历史，来判定有机体或生态系统的价值。根据这个传统，动物或栖息地的内在价值与其复原过程的自然性相关。这表明，重新种植的大草原和雨林不像自然演化而来的那么有价值。和受到人类活动影响的生态系统相比，"野生"或"原始状态"的生态系统拥有更大的内在价值。据此观点，这些游隼并非东海岸生态系统的自然原住民，因此成了仿冒品、外来户、"人造"鸟。宁可无隼，也比有不对劲的隼强。他们的争论进行着。

凯德及其同事们不理会这种态度。他们眼里的自然是动态的、兼容并包的，这一看法包含了对鸟类与自然风景的深切情感连结，而不是天真的先天论者的忧虑。他们争辩说，这些新来的鸟不仅能进化，以适应东海岸那陌生且不怎么原

图 71　　游隼基金会的一只雏隼和一群为之着迷的男童子军。教育公众是游隼基金会和类似组织的首要目标

图 72　　一只幼年游隼从刚打开的人工巢穴，即驯飞箱里向外张望。在像这样的天然放飞场所，大角鸮和金雕常常是主要威胁

71

72

始的风景，还能恢复当地历史和生态的延续性。当游隼遍布其中，岩间的峭壁和湛蓝的天空将再次"生机勃勃"。年轻的美国人可以再次观察到游隼那能让人心脏停止跳动的俯冲，它与大峡谷或阿切斯拱石一样，都是美国壮丽风光的一部分。正如凯德动情地描述一只被放飞的雄隼：

我老实告诉你，我的眼睛看不出，我的心也感觉不到，"红色男爵"*在新泽西州盐碱地上的俯冲和我1951年第一次看到一只阿拉斯加野生游隼展示的高飞捕猎方式有什么不同，因为那同样令人感同身受的兴奋正撞击着我的胸膛。[28]

最终，凯德指出，野生隼和捕获且被饲养的隼，在功能和审美上没什么差别。面对隼的激昂飞行给整个风景带来的生机，什么遗传学和分类学上的区别，也就不足再提了。

隼的成功？

1999 年，当游隼从美国《濒危物种法案》的濒危动物名单中被移除时，人们兴高采烈地举行庆祝活动。时任美国副总统的阿尔·戈尔发表了对法案的赞美。"今天，有超过

---

*这里指一只放飞的游隼，名称得自"一战"时的德国空军英雄。

1300 对正在育雏的游隼翱翔于 41 个州的天空，"他热情洋溢地说道，"这证明我们能在加强经济的同时保护和恢复环境，建设一个更有生机的未来。"29 一切都很顺利，一些生态系统的完整性得以重建，游隼也被拯救。这是动物保护的胜利。但故事还远未结束。化学残留物仍然威胁着隼类的数量。例如，瑞典研究人员发现游隼蛋中含有大量类似多溴联苯醚这样的阻燃剂。不仅如此，令人沮丧的是，隼体内所含的化学品常常是我们过去就知道的那些。当整个欧洲和北美立法限制杀虫剂的使用时，农用化工公司已准备开发其他市场了。在一些非洲的农业地区，杀虫剂导致当地的地中海隼灭绝，而美国游隼在冬季迁徙到南美和墨西哥之后回到繁殖地时，身体里又有了高剂量的 DDE。

虽然在西方少有听闻，但全面的生态学灾难依然存在。蒙古是猎隼最大的栖息地。在那里，猎隼的数量随着田鼠数量的周期变化而增减。在田鼠较多的年份，草原牧场被啃荒，令游牧民族的生活更加艰难，因此蒙古政府近来在大面积的草原上投放灭鼠剂。2001 年，政府空投了下过毒的谷物，其所含的灭鼠剂溴敌隆浓度高于推荐浓度一百倍。在溴敌隆的专利所有国美国，这种药品被禁止户外使用。随之而来的便是猎隼和其他蒙古猛禽数量的急剧下降。

在许多国家，栖息地的丧失也威胁着隼的数量。在中亚

图 73　　　在蒙古，一只死于隼巢附近的猎隼，它是被人工编织带勒死的。正
　　　　　在哺育的成年鸟的死亡会加倍地影响隼的数量

地区，集体农庄的瓦解使游牧部落不再占据隼栖息的大片地域，因此，曾经的草原渐渐变成了灌木丛和树林，导致猎隼的主要猎物，哺乳类动物黄鼠（suslik）的数量下降。蒙古猎隼还经受了被乱抛在草原上的、不可降解的塑料绳线带来的威胁。很多筑巢的猎隼因被这些材料缠绕而丧生。此地的政治转型、亚洲草原广阔土地的开放，也使猎隼种群面临严重问题，因为在这些地区，隼走私已发展成黑帮形式，当地人急切希望在阿拉伯的隼市场上赚钱。猎隼种群出现可怕的断裂和缩减；人们曾经发现猎隼从欧洲到中国一直都有分布，但现在它们分化为两个种群，数量均一年比一年少。

对该问题严重性的逐渐认识引导人们创立了隼识别数据库，以跟踪隼在所有海湾国家的活动，那里的多国政府正在就生态上可持续的野生隼捕捉问题达成官方协议。一些机构，如阿联酋的环境研究和野生动物发展局，以及沙特阿拉伯的野生动物保护和发展国家委员会，已经为这些政策的形成起到作用。这些机构正在解决和阿拉伯传统驯隼术相关的其他问题，如巴基斯坦传统捕隼技术的应用就对小型隼类产生严重打击，因为它们被用作诱捕游隼或矛隼的饵鸟。这些机构也在致力于从种群生态上保护阿拉伯驯隼术中最传统的猎物——波斑鸨，这种鸟的数量在其大多数生存范围内都受到驯隼术带来的极大压力。

CHAPTER 4　THREATENED FALCONS

178

图 74　　一枚猎隼的尾羽

虽然如今世界大部分地区的法律都禁止杀隼，但它们依然被枪杀、捕捉和毒害。在英国，苏格兰、北爱尔兰以及北威尔士地区的游隼数量近来有所下降，起因就是直接杀戮。一些猎场看守人看到自己圈养的松鸡变少，就把隼看作是对其生计的直接威胁。一些住在游隼巢附近的赛鸽拥有者也为其鸽群的朝夕不保而绝望：对他们来说，游隼是真正的冷血杀手。这两类人都对把隼当作不可侵犯的文化符号感到困惑。毕竟，乌鸦和狐狸也会杀死猎赛用鸟和鸽子，但它们能被合法控制，连鸟类保护协会也会在他们的自然保护区内消灭它们。是什么使隼与乌鸦、狐狸不同呢？他们问道。这样的问题让鸟类保护者难以回答，他们将隼视为野生动物象征的观点似乎是不可动摇、不言而喻的。于是，讲保护的人将那些呼吁对隼进行控制的人说成是被误导的或罪恶的——双方几无对话的可能。显然这不是一个愉快的故事，由对自然价值的归属之争而产生的这些问题困扰着政策制定者、爱鸟者，同样还有隼。

CHAPTER 4　THREATENED FALCONS

第五章 战 隼

比较与对比一下，为什么鹰隼会积极保卫其领地，为什么国家要保卫其领土。1

一只经过训练的游隼以立正姿势站在布莱克本掠夺者攻击机的 ARI8228 被动预警雷达上。她在这架威力巨大的英国低级核轰炸机上怡然自得，看上去已经准备好起飞。她的头在开启的座舱盖曲线中宛如戴上了光环，她的眼睛扫描着地平线以搜索潜在目标。这只鸟的姿态无可反驳地映衬着这架战机——她是不在场的飞行员绝妙的象征性替补：甚至连她脸部的印记看上去也像戴上的一顶飞行员帽。这儿发生了什么？这仅仅是一张新近的招贴画，显示出横跨数世纪和各种文化的隼与战争之间的联系吗？这仅仅是一张快照，将它自己从历史中分离出来吗？

看来也许如此。俄国鸟类学家杰缅季耶夫 (G.P.Dementiev) 描述过一句古老的"东方格言"，即"驯隼术是战争的姐妹"。2 公元 8 世纪的土耳其战士被认为战死后会变成矛隼，成吉思汗把他的军队伪装成放鹰的队伍，15 世纪的中国人让隼递送系于尾上的军事信息。驯隼术在驯隼的同时也训练军事人员：16 世纪的日本武士手册上有驯隼的章节，驯隼也是中世纪欧洲骑士教育的一部分。因为人们认为驯隼能培养骑士精神，磨炼战斗技巧，类似的操作在今天仍然有吸引力。驯

图75　　空中卫士：一只雌游隼和一架布莱克本掠夺者攻击机

隼人兼作家尼克·福克斯提出，一个人成长为驯隼人，便具备了战略性思考的素养，他将学会运筹帷幄，更少浴血疆场。例子不胜枚举：17世纪的英国保皇党人用两磅"隼式"加农炮和国会军作战。三个世纪以后，美国空军将其核战斗部为250吨当量的AIM-26型空空导弹命名为"核猎鹰"。1946年的一本美国书目将游隼蛋描述成"原子弹"——对于那些无疑已被像核粉尘一样无形却致命的杀虫剂污染的蛋来说，这是一个令人心碎的讽刺性隐喻。

　　但这只站在掠夺者攻击机上的隼并非吉祥物。这是一只活生生地再现了战机的角色的鸟，实际上也可以看作是武器化的鸟。作为英国空中防御系统必不可少的部分，她的任务是为保护飞机而瞄准潜在的破坏者——海鸥。自从 20 世纪 40 年代美国在中途岛——信天翁的聚集地，建起一座空军基地以来，鸟类学就成了军事科学的一个分支。一只被吸入喷气发动机或撞上飞机座舱盖的鸟，能和空空导弹一样，惊心动魄地毁掉一架战机。在中途岛，美国海军最终发现，只有进行彻底的栖息地管理才能根治这一问题。他们在岛上的大部分地方铺路。信天翁可不会在混凝土上做窝。

但这个问题不只限于太平洋战区：各处的机场草坪都会吸引椋鸟和海鸥这样的鸟群。向它们开枪或驱车去惊吓它们，是无法做到一下子就清空跑道及其上方空域：但隼能做到。回到军营。站在掠夺者攻击机上的那只隼来自 20 世纪 70 年代苏格兰洛西茅斯皇家海军航空站的海军隼部队。在一次给军官、记者以及摄影师做的"实时射击"演示后，由驯隼人菲利普·格莱西尔发起的这支部队赢得了自己的飞行章。怀着期待聚集在跑道边的海军军官们将信将疑。他们不相信隼真能安全地清空勤务跑道，"从没有想象过一群疯狂的驯隼人会到机场放飞他们的鸟"[3]。但格莱西尔的演示无可挑剔。放出的隼扑向一群停在跑道上的银鸥，让它们几秒内就全都消失在地平线之外，仅留下一只不幸的落后者被扑个正着。

CHAPTER 5　MILITARY FALCONS

图76　　　在这本报告的封面上，猛禽和战斗机依照国
　　　　　别配对。地中海隼和 F-16 隼式战斗机分享
　　　　　着约旦领空

　　今天，世界各地都有类似的机场驱鸟单位。媒体热爱它
们的魅力；公众视之为"绿色方案"，以鸟制鸟的方式比猎
枪更容易被接受。军方也爱它们，驯隼部队的出现使军事上
的制空权理念显著地自然化了。以下是没有说出来的观点：
如果军方能表明隼的自然行为在生物学上与人类的空战等效
的话，那谁能把空战看成是错误的呢？它是自然的。这是一种巧妙的概念转换，我们得全盘接受。如果不这样，掠夺者攻击机上的那只游隼看上去便会不协调。自然化策略能部分地起到作用，是因为传统认为战争和自然是完全不同的范畴。卡尔·冯·克劳塞维茨（Karl von Clausewitz）写道："战争是人类交往的一种形式。"⁴但是，战隼那时而令人迷惑，时而引人发笑，时而又让人恐惧的奇怪历史显示，战争和自然全不相干的传统假设其实是谎言。

读到加利福尼亚州三月空军储备基地的驱鸟承包人所说的话时，总能想起干涉别国内政的美国外交政策。1996年，这位承包人在杂志《公民飞行员》（*Citizen Airman*）中阐明："凡隼飞翔之地，即成为其领地。"他继续写道，"在鸟类王国中，疆界非常重要。它关系到生死存亡。"⁵此说令人困扰。因为这些隼当然不是为领地而行动。它们不是在保护领地免受入侵。它们是在捕猎。而且，这些混淆不清的观点指出了与科学本质有关的一些事实，因为鸟类领地这一概念本身就脱胎于军事史。英国鸟类学家埃利奥特·霍华德（Eliot Howard）首次提出这一概念，而这正是在第一次世界大战决定性、大范围地证实了领土冲突的血腥现实之后。20世纪90年代末，对空战的自然化已做得不那么巧妙了，这位三月空军储备基地的驱鸟项目负责人诚挚地说道："正如美国把航空母舰派往伊拉克，并用战机来维持空中优势一样，我们的隼做着同样的事情。"[6]

但如何相同呢？隼是喷气式战机么？两者都被想成是突破物理极限的典范，都常被认为是进化完美的事物，功能和形态精确啮合到没有一丝冗余。隼长久以来都被认为是未来飞行梦的实现形式。追溯到20世纪20年代，宾夕法尼亚州的驯隼人摩根·伯思朗（Morgan Berthrong）回忆起一位航空工程师赞美天上飞着的一只受训游隼，她顶着强劲逆风滑翔，翅膀收成锐角三角形。"看到那个轮廓没有？"工程师大声说道，"等我们研制出足够强力的发动机，那将是飞机的形状。"[7]是的，通用动力公司的F-16战隼战斗机便以这种鸟命名，据说航空工程师在设计这种飞机时，曾让游隼经受了不同的风洞速度测试。以上故事也许是臆测，但它们的持久流传表明，人们渴望证明这种飞机不仅仅是材料构成体，它的功能样式与其自然范本——隼的功能样式一样，是高度进化的。试飞员有如此格言："看起来对劲，飞起来对劲。"战机与鸟的同源性被赋予了严肃的意识形态意义。建于堪萨斯州的机构"智能设计"便用飞机—游隼的例子来支持他们的理论，即智能因素是造成生命和宇宙起源的原因。

服役的隼

但是，20世纪的隼所承担的军事任务远不止机场驱鸟或作为战争象征那么简单。第二次世界大战也把隼动员起来，交战双方都在利用它们。盟军飞机如果在敌军防线后被击落，就会放飞原先带着的归巢鸽。然而，麻烦来了：这些鸽子飞越海峡之后却会被野生的英国游隼捉住吃掉。被吓了一跳的英国空军部于是下令，应该消灭南部海岸的那些叛国隼。1940年至1946年间，大约六百只隼被射杀，大量鸟蛋被打碎，雏鸟被弄死。但是，与此同时，盟军的游隼也得到"签约"。驯隼人罗纳德·史蒂文斯（Ronald Stevens）深信，隼能通过某种方法用于战争。他曾听说，1870年德国人围攻巴黎时用经过训练的隼来中断法国的信鸽联系。史蒂文斯很快开始行动，和一位朋友联手，搭建了一个微缩模型。他解释说："模型中，我们让一队驯隼人围绕一座被包围的城市，占据要点，在敌后设置起一个驯隼人'网'。实际上就是以任何想得到的方法来用好驯隼人。"[8] 为其前景激动万分的史蒂文斯把模型照片连同详尽的逻辑分析一起寄给了空军部。

史蒂文斯一定极有说服力，因为1941至1943年间，一支绝密的隼部队被招募、训练，并开始紧急巡逻在英国锡利群岛以及东海岸的上空。对于环绕海岸线一圈的绝密导航雷达站点而言，这是一项生物学上的补充，其任务在于拦截从德军高速鱼雷艇或相似载具上放飞的"敌鸽"。后来关于这项绝密计划的独家报道出现在美国报刊上。"友方鸟儿的行动就像飞机一样接受控制，所以他们任何时候都知道每只鸟在何处"，报上充满热情地解释说，"隼被训练在极高的空中盘旋，和巡逻执勤的战斗机一样……一根羽毛飘落意味着又一只纳粹鸟死掉了。"⁹ 文中没有透露的是，该项行动的实际成果几乎为零。许多鸽子被杀死，一两只被活捉，但所有的里面仅有两只带着信件。一位皇家空军指挥官不无嘲弄地说出了一只战俘鸽的命运——送到国防部鸽舍，让它"变成英国鸽子"。不过，成功与否看上去真的没什么关系。游隼在继续飞翔。来自英国情报部门、皇家讯号团和空军的军官们常常来该部队参观"激动人心"的飞行表演，且"被鹰隼的表现深深打动"。¹⁰ 它们当之无愧。隼速度快，行动灵巧，它们"大获全胜"般地使猎物四下飞散，缴械投降，令人肃然起敬的战斗观念在大自然中找到了对应物。隼是高贵的猎食者。1948 年，弗兰克·伊林沃思回忆起一次在崖顶观看游隼的活动。"两只嬉戏着的野游隼对模拟战进行了最佳展示，"他接下来写道：

战前某个清晨我所看到的这场花样飞行运动，比得上英国作战期间，我在同一片天空中看到的任何空战场景……几下急剧的振翅，几声如机枪开火般的啭鸣，还有雄隼如黑色俯冲轰炸机般的"急转"……这里是两架超级战斗机器，为了运动的纯粹快感而纵情于模拟战中。[11]

　　在这样的时局下，在带有浪漫情怀的英国右派政治势力的历史意识中，隼与他们宣讲的空军强国主义不谋而合。空中时代刚刚到来之际，一大批人把飞行员看作是与势均力敌的对手比拼技巧和勇气的贵族，远比在烂泥地里摸爬滚打的步兵高贵。空战通常被想成是骑士精神的回归，飞行员则是"空中骑士"。迈克尔·鲍威尔（Michael Powell）和埃默里克·普雷斯伯格（Emeric Pressburger）1944 年所拍电影《坎特伯雷故事》* 的开头便将这样的梦想表达得淋漓尽致。鲍威尔把这部电影看作是对物质主义的一次讨伐，也是对英国历史的延续性、对精神价值的永恒性的一部赞歌。电影由驯隼人菲利普·格莱西尔的表兄埃斯蒙德·奈特（Esmond Knight）朗诵的《坎特伯雷故事集》序言开场。顺着一张地图上的中世纪朝圣之路看去，画面渐渐化入乔叟笔下的那些朝圣者走在通向坎特伯雷山间小路上的场景。一名驯隼人摘下隼的头

---

　　* 电影《坎特伯雷故事》(The Canterbury Tale)，又译《夜夜春宵》，得名于英国诗人乔叟 14 世纪创作的《坎特伯雷故事集》(The Canterbury Tales)。书中记述的是前往坎特伯雷朝圣的各路人等在伦敦酒店讲的 24 个故事，电影则讲述了"二战"时期，三位年轻人在小镇相遇，然后去往坎特伯雷的故事。

CHAPTER 5　**MILITARY FALCONS**

罩，放出隼。他仰起的脸紧随着隼飞翔的镜头出现，这只隼忽闪着翅膀，在肯特郡灰暗的天空中划出一道弓形曲线，然后便被切换成一架俯冲的喷火式战斗机。20 年后，库布里克在其电影作品《2001：太空漫游》中创造出了有名的"骨头变飞船"的快速剪接镜头。* 让我们回去再看那位驯隼人仰起的脸，此刻他已变成一位正在观看飞机飞行的士兵，而替换那队中世纪朝圣者的，则是一支正穿越丘陵走向坎特伯雷的军队。把隼比作战斗机和把隼视为英国昔日传奇的象征，这两者相结合，能使隼的形象与当前通过空战保卫国家的观念有力地联系起来；这就是经由一只鸟的形象而重新获得的、本质的、持续的国家认同感。

当电影《坎特伯雷故事》试图向战时的美国人展示他们为什么应该保卫英国时，在美国，隼的武器化却正呈现出怪异的形式。"山姆大叔的真正战禽，"《美国周刊》杂志在 1941 年曾写下这样的标题。"如果到了需要它们的时候，战隼和高高飞翔的鹰将取得制空权，使敌方的归巢鸽失去战斗力。"它继续写道：

---

* 电影《2001：太空漫游》(2001: A Space Odyssey), 1968 年根据科幻小说作家阿瑟·克拉克的作品改编。其中一个片段——一只猿猴将一根骨头扔向太空，旋转中切换成在地球轨道上运行的宇航飞船——是电影史上最著名的蒙太奇镜头之一。

图 77　　"这是只鸟？还是架飞机？"来自迈克尔·鲍威尔和埃默里克·普雷斯伯格
　　　　1944 年所拍电影《坎特伯雷故事》的片头剧照

当国家的飞机工厂正忙着生产战斗机和轰炸机，以满足山姆大叔日益增长的机群需求时，美国陆军通信兵部……的军官们在认真考虑征募另一种战禽服役。在被军方意见视为"俯冲轰炸机的原型"之后……两三百只隼将在蒙茅斯基地（Fort Monmouth），由信鸽培训中心的托马斯·麦克卢尔中校（Lt Thomas MacClure）进行训练。[12]

在列兵路易斯·哈利（Louis Halle）和欧文·萨尔茨（Irwin Saltz）的协助下，麦克卢尔打算"在隼的爪、翼和身上绑上锋利的刀子，以加强隼的天然武装"。这些经过训练的隼被用来猎杀敌方的信鸽并"把死掉的信使及其携带的信息交给指挥官"，不仅如此，"军方还相信，能教会隼冲向敌人的降落伞，将其撕碎或割断伞绳"。[13]麦克卢尔在《纽约客》上做出解释，虽然隼将猎获物交还驯隼人这一点在传统驯隼术中闻所未闻，但正统说法并没有妨碍功效。"战争不同于驯隼"，他坚定地说。[14]麦克卢尔发出征集捐赠隼的信，还在时代广场和一只戴着头罩的隼共同完成了一次公众讲演。他热情洋溢的号召并没有打动在场的一位听众，驯隼人乔治·古德温（George Goodwin）。古德温是纽约自然历史博物馆的哺乳动物馆馆长。他大为震惊。"假如麦克卢尔是陆军的榜样，那么谢天谢地，我们还有海军。"他怒气冲冲地给

一位朋友写信:

你知道军方开发了一种教会游隼识别敌方和友方鸽子的
方法吗？的确如此，但那是不能泄露的军事机密！哈利路
亚！……仅仅一想到这个就会让我发疯。我倒乐意得到关于
这支"信鸽闪电巡逻队"和麦克卢尔本人的一手信息，但我
打心眼里希望没去看过他们搞的那场演出。现在我都不敢去
睡觉，因为我怕梦见它会惊醒。[15]

其他美国驯隼人也迅速行动起来。"有些事必须做，"动
物解剖学教授罗伯特·斯特布勒（Robert Stabler）在给美国
渔业及野生动物局局长的信中写道，"您能对此人和他的队
伍做一次调查什么的么？难道一个人打着保卫美国的幌子就
能为所欲为么？"[16] 空军飞行员，同时也是驯隼人的勒夫·梅
雷迪思上校立即在作战部采取措施，确保麦克卢尔的计划无
法顺利开展。

无需时代广场的集会，梅雷迪思用远比麦克卢尔巧妙的
方式将隼征集到军队。他是哈蒙将军（General Harmon）的
朋友，而这位将军即将掌管新建于科罗拉多斯普林斯的美国
空军学院。在"二战"结束数年之后，罗伯特·斯特布勒回
忆起，他和梅雷迪思"抓了几只游隼，然后跳进梅雷迪思的

第五章 战隼

195

25 U.K. Battle-Trained Falcons Will Stop Jap Fighting Pigeons

FIERCE FALCONS WILL PATROL JAP SKIES

Minsterly, Shropshire, June 5—(BUP) — A flock of 25 peregrine falcons will be sent to the Far East soon to join the war against the Japanese.

tioned on England's east coast, th falcons were sent aloft when ob servers reported enemy carrie pigeons approaching.

The falcons would soar to a grea height, await the enemy pigeon

图 78　新闻界对陆军中校托马斯·麦克卢尔将隼训练成"山姆大叔的真正战禽"之计划抓住不放。这张照片中，麦克卢尔的右手指着天空，或许他看到了一只敌鸽

捷豹轿车"，径直开到劳里空军基地。梅雷迪思确信空军需要将游隼作为吉祥物。哈蒙"邀请我们一起午餐，我们让游隼站在哈蒙夫人那边的椅背上，地下铺上报纸"。哈蒙送他

们去见史迪威将军（General Stillwell）和海伯格上将（Colonel Heiberg），以展示这些鸟，他们"抓起鸟，立即就被游隼迷住了"。斯特布勒记得史迪威说：

> "好的，我们一定会把这种鸟列入其中"……我想他们正在考虑老虎、雄鹰或其他类似动物，"我们会在学员佩带的飞行章上加入游隼和其他动物，让他们选出自己想要的。"他们果然这样做了……投票选出游隼作为空军的吉祥物。[17]

选举那天，一位为游隼拉票的军官简明扼要地总结了他的演讲："隼拥有每小时近265公里的水平飞行速度。它的俯冲速度是秘密情报。这种金子般的鹰就是清道夫！现在你们投票吧！"[18]1955年10月5日，第一批吉祥物正式抵达军校。它们被举起来给空军摄影师拍照，还被包裹起来并束好，以免在运输途中受伤，这使得隼看上去和身穿制服、专门运送它们的军官一样手足无措。从1956年开始，学院橄榄球赛在中场做制空优势表演时都会放飞隼。美国空军学院的网站上则对隼如何表现美国空军作战任务的特性进行了阐释：它们快速且"移动起来从容、优雅，带着明显的欢愉"。它们勇敢、无畏、极具攻击性，"凶猛地抵抗入侵者以保护巢穴和幼鸟。据知它们能毫不踌躇地进攻并杀死两倍于自己体形的猎物"[19]。当然，和其敏锐的视力一样，"机警、威严仪态和高贵的传统"也是它们的标志。按照汤姆·沃尔夫*的认定，美国的军用隼堪称天选之子。

"饿鬼"和伽利略先生

几乎是必然逻辑，美国空军将隼带上了月球。1971年7月，阿波罗15号的指挥官大卫·斯科特（David Scott）站在被命名为"隼"的登月舱旁边，一只戴着手套的手抓住一根美国空军吉祥物的羽毛——来自一只名叫"饿鬼"的草原隼，另一只手拿着一把地质锤。这个场景并没有被照相机记录下来，它只是作为一段不清晰的视频片段、一种科学和大众娱乐之间充满争议的奇怪结合而存在。通过满是白噪声的月球转播信号，斯科特的声音满怀激情：

今天我们来到这里的原因之一，就是很久以前，一位名叫伽利略的绅士对于在重力场中下落的物体做出很重要的发现……那根羽毛恰巧是根隼羽，我们的"隼"，在这里我将

---

* 汤姆·沃尔夫（Tom Wolfe，1931—2018），美国记者、作家，被视为美国又称新新闻主义的鼻祖，其畅销作品《天造之材》(*The Right Stuff*)，又译《太空英雄》，讲述的是美国首批航天员诞生的历史故事，1983年被改编为同名电影。

图 79　　幕后故事，空军学院职员饶有兴味地看着盒子里新运来的吉祥物隼

图 80　　从左至右：美国空军学院参谋长 R. R. 吉迪恩上校、院长 H. R. 哈蒙中将（抓住隼"马赫一世"者）和驯隼人哈罗德·韦伯斯特

图 81　　兄弟连：为防止运往新家途中受伤而被包扎起来的三只美国空军学院吉祥物游隼第一次尝到了出名的滋味

图 82　　　一根弯曲的草原隼飞羽和一把地质锤平放于月球表
　　　　　　面，显示出全美对苏联的回击

松开这两样东西，希望它们能同时落到地面……[20]

　　它们同步落在月球表面。画面暂停。"这证明伽利略先

CHAPTER 5　MILITARY FALCONS

生的发现是正确的"，斯科特宣布。在这里，不是锤子和镰刀，而是锤子和美国的隼羽，穿透月球尘埃的薄雾，沐浴在强烈阳光中，其象征意味令人惊叹。斯科特对重要实验的再现，是作为人类在征服太空过程中，对科学获得胜利的一种总结而播出的——美国同时声称得到了证明自然法则的权利。养隼也可以证明爱国心了。"从最终的分析看，"军校生兼驯隼人卡德特·彼得森（Cadet Peterson）诚挚地阐明，"不必是美国空军学院的隼打动我们，而是我们必须向它们证明我们值得信赖。"21

与一种鸟和国家及军队的标志形象如此契合相适应的是，20 世纪的隼故事多和间谍活动相关。有时这只不过是文学上的虚构：在美国著名系列侦探小说《哈迪男孩之罩头鹰的秘密》（*The Hooded Hawk Mystery*）一书中，哈迪兄弟通过放飞游隼捕杀携带红宝石的赛鸽，挫败了一个珠宝走私团伙。孩之宝公司 2000 年则推出了戴着精美皮制手环，能在房间里放飞数字侦察隼的"隼击系列"机动部队玩偶。有时这是事实，但只是特例：回到 1940 年，《纽约时报》有这样一条新闻标题："戈林旨在访问格陵兰的暗示：前空军飞行员怀疑驯隼之外别有企图"。标题之下，梅雷迪思上校提出，"现在德国人已经占领丹麦，这和陆军元帅赫尔曼·戈林于 1938 年派往格陵兰去的'猎隼远征队'或许有着相关的显著意义。""很肯定，"他不无嘲弄地说：

陆军元帅戈林和我一样，是个业余驯隼者，但当德国正经受这样的经济及政治变革时，人们很想知道，为什么他会不计代价和麻烦，只为了得到六只矛隼。远征队的五名成员在格陵兰几乎待了六个月，这期间，他们可没能逃过许多普通，也许是特别的监视。22

奇怪的是，无独有偶：作为德国纳粹空军与英国皇家空军各自的司令官，戈林与空军元帅查尔斯·波特尔爵士（Sir Charles Portal）都是热心的驯隼者。20世纪70年代最臭名昭著的美籍间谍克里斯托弗·博伊斯（Christopher Boyce）也是如此。博伊斯为美国间谍卫星制造商 TRW 工作，在那里，他的业余活动包括在加利福尼亚的山上放隼，在绝密档案的碎片里拼凑信息，再以"隼"为化名，将机密的间谍卫星资料卖给苏联。在约翰·施莱辛格（John Schlesinger）1985年拍摄的电影《叛国少年》（*The Falcon and the Snowman*）中，博伊斯一角由蒂莫西·赫顿（Timothy Hutton）扮演。施莱辛格非常看重隼的一般象征意义，当 FBI 特工上前逮捕博伊斯时，镜头停留在游隼黑色的眼中：显示出自由、无尽视野，以及主宰天空的宏大主题。

　　但想必有人会问，那鹰呢？难道古罗马军官扛起的战旗上不是鹰么？美国国徽，还有德国与奥匈帝国的国旗上不是鹰么？没错：但这些鹰绘制出的是民族国家而非现代战争。鹰体形大，力量足，令人印象深刻。它们意味着老式的战争形态：庞大的军阵、大范围的步兵运动、大规模的兵力部署。然而，隼则较小。它们拥有极为出色的速度、机动性和活动范围。对于建立在全球视野、监测监视、快速部署和闪电攻击概念上的后现代网络中心战而言，其象征动物是隼，而不是鹰。它们使文化评论者保罗·维里利奥（Paul Virilio）所描述的"纯"武器有了自然的对应物，这种武器的破坏力并不作用于其巨大的力量，而作用于"快速且极其精准的打击——无论是在对敌方行动的观察或监视上，还是在攻击的选择性和隐蔽性上，这一点都同样重要"[23]。

　　在类似于《2020年联合设想》这样的纯纲领性文件中，美国军方设想了未来的战场。[24]那将是一个数字化的世界，一种由战士、飞行员等组成的高科技生物部队的无缝集合。军事优势的建立需要知己知彼，再加上有接近实时干预的能力。这是一个沉浸在复杂术语和空军理论中的梦想，当前的伊拉克时局为其增添了几分污点；赢得战斗和战略胜利是两回事。指挥（Commond）、控制（Control）、通信（Communications）、

图 83　　　一只带卫星跟踪设备的游隼正准备起飞

计算机（Computers）、情报（Intelligence）以及监视（Surveillance）与侦察（Reconnaissance），以上单词的首字母缩写构成了抽象的 C4ISR 组合，即把速度与全知作为军事行动的基础。这是对数字化战争之梦的极度渴求，这些军事网络延伸到了渺小的人类社会之外，也使环境与动物之间的危急状态得到突破。

1966 年，美国宇航局资助的野生动物会议第一次讨论了将野生动物作为保护终端纳入军事监视网络的想法。演讲者弗兰克与约翰·克雷格黑德兄弟不再是血气方刚的驯隼人兼摄影师：他们现在是著名的野生动物学家、写作"二战"美国海军生存手册的前战地情报人员。他们建议，卫星可用于追踪野生动物的行动。也许，人们可以把野生动物追踪数据和地球卫星图像或美国空军／中央情报局 U2 侦察计划的间谍图像结合起来。他们的论文具有前瞻性。

在 DDT 时代，有一位名叫 F. 普雷斯科特·沃德（F. Prescott Ward）的游隼卫士，他是驯隼人，同时也是为美国陆军在马里兰州的化学武器试验场作生态学研究的生化武器专家。他帮助游隼基金会组织了一次非常成功的幼隼放飞行动，地点在废旧的化学防护试验塔上。真可谓铸剑为犁了。但沃德有更大的计划：对冻土地带游隼的移动栖息地进行大范围考察。这些美丽、苍白而娇小的游隼在秋季南飞的途中会聚集到东海岸的海滩上。它们如此温驯，你甚至能走上前去用手触摸，多年来，驯隼人一直在捕捉这些隼。像阿尔瓦·奈和吉姆·赖斯（Jim Rice）这样的捕隼者都知道，这些隼在遥远的北方繁殖，在南方过冬。但没有人知道确切的地点和迁徙路线。这个在 20 世纪三四十年代曾让人困扰的谜团成了后 DDT 时代的重要问题。当时 DDT 在美国大陆已被禁止，而更远的南方却仍在使用。这些迁徙的隼种还在受到威胁。

于是沃德和参与此项目的同事们捕捉东海岸迁徙中的游隼，并给它们戴上识别环；另一些关心隼的研究者，如发起 1972 年格陵兰游隼调查的核心人物、北极专家威廉姆·马托克斯（William Mattox），则在更远的北方给隼戴上识别环。其他人去往南方，希望能确定游隼过冬的地点。总的来说，该项目对政治的吸引力不亚于对生物学的吸引力：美国 / 苏联野生动物工作组由此签署了国际协议，白宫的工作人员加入了研究队伍。但对于重新计数戴环的隼，政治是帮不上忙的：这需要运气，因为得到的迁移数据组难免稀稀落落。当然，每个人真正想要的，都是获取迁徙的完整时空分布。于是，人们在试验了用轻型飞行器追踪隼绑的无线电发射器后，又提出了加载微型背负式卫星信号装置的想法。

到了 20 世纪 80 年代，人们已经造出重 1 千克的卫星信号装置，极为适合监控北极熊和驯鹿，但对飞鸟而言显然不大适用。不过，军方与大学联手，很快成功研制出新一代的微型卫星信号发生装置。起初，这些被称为"卫星平台发射终端"（PTTS）的装置重约 200 克——天鹅或鹅大小的鸟可以独自携带。现在它们的重量还不到 20 克，是用一条柔软、精心设计的暂时性背带绑在鸟背上。然后鸟被放飞：当接收卫星从隼的头顶上方经过时，其背负的装置发射无线电频率，产生多普勒位移，从而可以遥感到它的位置。阿戈斯服务卫星（Sevice Argos）——由美国国家海洋和大气管理局所属的气象卫星搭载、法国方面操控的传感系统——接收信号，法国和马里兰州的数据处理中心对飞鸟位置展开计算，科罗拉多的空军航天司令部跟踪设施则为每个卫星提供轨道参数。

"为主是信：万物为查"[25]

在美国国防部的"飞行伙伴"计划，以及由私人、大学、政府三方合作成立的保护研究和技术中心（CCRT）的支持下，对游隼迁徙的研究进入了 21 世纪。国防部是美国第三大土地拥有者，按照法律必须在其土地上保护濒危动物。对四处走动的野外生物学家来说，试验场和导弹测试区内并非理想的动物栖息地，因此通过卫星和无线电遥测跟踪它们是实用的方法。然而对美国军方来说，通过这种方法监控动物

图 84　　　CCRT 的标志把肉食动物虎视眈眈的图像嵌入了美洲版图中

也有意识形态上的好处。回到 20 世纪 40 年代，阿尔多·利奥波德把"土地机制"的概念引入生态学，生态系统被比作一个有很多嵌齿和转轮的复杂引擎。这是一个与技术层面的军国主义论述相适应的自然概念。CCRT 的生物学家们把带卫星追踪设备的游隼称为"于危急四伏的迁徙途中发现热点所在的'探路者'"[26]。在这里，隼成了被派去评估环境的生物探测仪，既是一台食肉的无人飞行器，又是一只矿工的金丝雀*。带卫星追踪设备的游隼不仅仅是监视器。CCRT的生物学家汤姆·梅希特尔思考过卫星追踪是"如何将动物变成研究者伙伴"的这一问题。"你可以把游隼想成一位被派出去寻找其他鸟类并取样的生物学家。"他解释说。[27]

梅希特尔的话似曾相识：正如克雷格黑德兄弟在游隼眼中看到了自身的映像——年轻而热爱冒险的野外生物学家。这一次，又一位隼科学家对其研究对象产生了强烈的认同感。《洛杉矶时报》的科普作家罗伯特·李·霍茨（Robert Lee Hotz）尽力想去说明这一新型科技并没有威胁老方法。并非所有现代生物学家都是在荧光灯下瞪着电脑屏幕，满耳充斥着空调机的噪音而不是鸟鸣。他写道："虽然有这些先进的追踪技术，生物学家们……还是必须亲手捉鸟。"[28] 热爱冒险的野外生物学家的社会特征并没有因为卫星追踪系统而改变。他们仍被要求拥有充沛体力、野外技巧和实用技能。这样，高级技术、全球视野便和个人英雄主义以及开拓精神联系到了一起。

浑然一体。国防部支持下取得的这些追踪成果对生物保护的益处无可争议，与此同时，其内在逻辑也激动人心。当

---

* "矿工的金丝雀"是英国俚语，因金丝雀对煤矿产生的有毒气体敏感，矿工常带上它们作为预警。

每只单独的隼能在全球范围内被追踪时，它所携带的信息就不只是其位置那么简单了。CCRT 把带卫星追踪设备的鸟叫作"前哨动物"。即使它呈现了"同一个世界"的环保主义神话，但每只隼还是在象征意义上传播着美国的技术优势和军事优势：当它们穿越领空，向南远飞至布宜诺斯艾利斯或亚马孙河的源头之时，全球监控系统追踪的仍是"美国"隼。越来越多这样的隼将两个无从比较的世界——军事（战争）/自然（和平）——联系在一起。这些概念看上去天然对立，但带卫星追踪设备的隼却在拉近双方的分歧。当"隼被视为战斗机"的神话遇见"隼被视为野性自然不二象征"的神话，带标记的隼就成为自然体系和文化体系之间、国家防卫与国家自然防护之间的缓冲站。人们也可以把带卫星追踪设备的隼看作军事的终极自然化，它不仅保护自然，而且推广了一种观念，即：作为另一种复杂的技术系统，生态系统完全可以与 C4ISR 系统合成一个整体。

鸟类携带的新一代卫星平台发射终端将配有用于测定速度、温度、湿度和大气压力的高级传感器，以及数字音频捕捉系统，甚至还有微型摄像机。听上去有些耳熟？过去几年中，美国军方无人飞行系统研发出了用微小的凯夫拉合成纤维及碳素材料制成的军用无人机，它们盘旋或飞翔在战地上空数百米高的地方，追踪军用车辆，并把实时图像传输到部队指挥官的笔记本电脑里。在爱达荷州的军事训练场，CCRT将卫星追踪的猛禽与DFIRST*相连，以证实将自动化的军事追踪系统与自然资源管理技术整合的可能性，同时也可展示追踪猛禽和军用车辆运动的可行性。隼是作为目标系统中的一个目标被追踪。而那些其他目标恰好是军事性的。

实际上，在阿拉斯加，美国空军一直将隼巢标记为地空导弹发射点。军方报告里说："通过将鸟巢标为模拟的'威胁发射极（飞行员日常训练路线中必须避免的部分区域）'，空军在继续实战训练的同时也保护了筑巢的游隼。如今该物种已得到恢复。"29 此话说得非常暧昧，暗示着由于把游隼巢编入空军战术地图，美国空军保护并拯救了游隼。单就这条特定的隼巢图解而言，该说法也许确实不假。当它们在作战地图上的位置被作战软件读出来的时候，自然和军方在符号意义上变得平等了。双方获得的是一种推论式的平等。保护隼就是保卫国家。如果匈奴王阿提拉在世，也会感到骄傲的。

---

* DFIRST，即"Deployable-Force-on-Force Instrumented Range System"的缩写，是美军用于训练地面装甲部队和火力部队的军事训练系统，可跟踪各种武装车辆并指挥其运动与攻击。

图 85　　　带卫星追踪设备的隼的迁徙图：堪称电影《战略空军》遭遇到电视片《动物星球》

第六章　城市隼

即使在大都市，隼的世界也和人类的决然不同，只有我们人类做出特别努力，以隼适应的方式接触她时，才会使双方偶有邂逅。[1]

在查尔斯·滕尼克利夫（Charles Tunnicliffe）1923年创作的木刻画中，你和游隼共同领略到伦敦上空的风景，也分享了飞行员得天独厚的感受：那种远远凌驾于下方城市的力量感。你和隼都拥有那种别样的超强现代力，使自己能抵御住历史的扫荡。这里是罗杰·托里·彼得森1948年写下的词句：

腕上立着游隼的人从古代的影像中浮现出来。从数千年前亚洲草原上的简陋帐篷，到17世纪欧洲王公们的大理石殿堂，隼不动声色的棕色眼睛比其他任何鸟类目睹的文明冲突都多。[2]

野生动物较不引人注目的作用之一是标示历史。原因就在于它们被认为是永生的。显然，从物理意义上讲，动物并非长生不死，学院派理论家也不支持动物永生说，但他们中间至少有人认为动物在技术层面是不死的，因为它们没有语言。[3]这种永生说的形式是基于一种十分直接的现象：即隼就是隼。同样的隼。不管它活在何时、何地。一只 14 世纪的矛隼和一只现代的矛隼几乎无法分辨，就像 20 世纪 20 年代拍摄到的一只巢中游隼和今天在那里拍摄到的难以分清一样。文明潮起潮落，风尚变化不定，但羽毛亘古不变。因此，过去、现在和未来，所有的隼以同样的姿态再现，就好像它们是同一只鸟。正是这样的"永生说"赋予动物标示历史的极佳便利条件。和古董花瓶一样，隼在它几易其主的过程中获取价值和意义。今天的矛隼之所以获得赞美，某种意义上是因为它是亨利八世或成吉思汗放飞过的那只鸟，是数千年间在北极冰雪覆盖的极地悬崖上筑巢的那只鸟。这便是彼得森的隼如何带有几分尼采所描述的那种现代时期的超历史精神。

滕尼克利夫的游隼有名字，但那是家族名，同样也是不朽的。因为它是恰客切克，亨利·威廉森的贵族浪漫主义的至高象征，其 1923 年的自然寓言《游隼传奇》——一个远比《水獭塔卡》*更让人不安的故事——中的英雄。恰客切克家谱非常古老，"比人类的诸神还要古老"。威廉森的解释将隼

---

* 《水獭塔卡》（*Tarka the Otter*），亨利·威廉森的经典小说，创作于 1927 年，讲述了英国乡间的一只雄水獭屡屡从猎人手中逃脱的惊险一生，1979 年被改编为同名电影。

放到了一个代表所谓英国性的"长时段"*框架中。"恰客切克家族中的一员勘查过特拉法加海战的战场,另一位在色当战役前捕杀过法国人的信鸽,还有一位在开炮前就已置身伊佩尔战场。"**他继续写道:

当船只驶过两河河口的沙洲,加入德雷克***的舰队时;当数个世纪以前,腓尼基人最早做起贸易时;当很久很久以前,驼鹿正在如今已是韦斯特沃德霍小镇佩布尔滩涂(the Pebble Ridge)的远古森林——那些树木早就被沙掩埋,被海淹没了——里漫步时,恰客切克正在空中狩猎。4

　　这只隼的家园并不在它飞翔于其上的城市中。威廉森确信,城市生活导致了社会、心理和道德的败坏,他的隼和现代城市之间的鸿沟太大了。对于在隼身之下的"繁乱人海"中奔波的碌碌众生而言,这种鸟是不可见的。和那些它选择

---

* 原文为法文 longue durée,学术名词,常用来表述长时间的历史影响。

** 这句话中涉及的都是历史上的著名战役,分别发生在拿破仑战争、普法战争和第一次世界大战期间。

***指弗朗西斯·德雷克(Francis Drake,1540—1596),英国探险家和著名海盗,后因在击败西班牙无敌舰队的战争中起到重要作用而被封为英格兰勋爵。

CHAPTER 6　URBAN FALCONS

停留在上面的城市地标一样，隼生存在同样的象征性场域中：它们停在圣保罗大教堂的十字架上，或站在特拉法加广场纪念柱上的另一位英国独眼英雄头上，"用脚爪紧紧抓住这位舰队司令的三角帽"。5

威廉森的游隼不单单是在历史的超越性上体现了尼采哲学。它其实就等同于将西方文明从道德堕落和洞察力丧失中解救出来的 Übermensch，即"超人"。在一段充满敌意的反闪族 * 情节中，恰客切克被一个网鸟人捉住，这是个"不刮胡子、毫不起眼的小人物，为一位劣迹斑斑、在伦敦东区白教堂一带卖鸟的意第绪人干活"6。当然，网鸟人被这只愤怒的"超鸟"吓坏了。恰客切克攻击他，然后逃脱，飞回纯净的蓝天。《游隼史诗》清晰地预示了他后来为英国法西斯主义者联会摇旗呐喊的行为。

将隼视为逝去年代——不论是其充满活力的原始性，还是饱含荣耀的神话和纹章，都常常被拿来当作反衬并最终规范当代美国和欧洲社会及其社会习俗的镜子——的精神象征是一种长期存在的罗曼蒂克传统，而威廉森将隼征用为法西斯标志则是该传统中格外令人感到不幸的一个插曲。通常，隼被看作现代文明的对立面，是不老群山的子孙，而非摩登

---

* 闪族也译闪米特人，为发源于阿拉伯半岛的游牧民族。

图 86   一只游隼高翔在伦敦上空，出自查尔斯·滕尼克利夫 1923 年为亨利·威廉森的《游隼史诗》所绘插图

图 87   "腕上立着游隼的人从古代的影像中浮现出来。"大卫·琼斯（David Jones）1948 年的水彩画《维内多提亚之王》（*The Lord of Venedotia*）。这只隼是历史的符号

街头的市民。1942年，美国鸟类学家约瑟夫·希基写下科研论文，强调"野性"对游隼多么重要，他认为高耸的悬崖将隼抬到一个远离"崖下文明历程"的高处，对它们形成了隔离与保护。[7]和其他隼迷一样，希基担心城市化可能迫使东海岸游隼离开它们历来居住的悬崖。奇怪的是，希基两年前看到游隼"遍及"纽约城的时候可是兴高采烈的。"两周前我差点在百老汇被车撞上，那时我盯着一只在第72街附近上空盘旋的游隼看了十分钟。"他给朋友写信时激动地说。[8]

* * *

摩天大厦的隼

希基对于隼和城市的观点明显前后不一，但这并不奇怪。因为隼确实住在城里。在巴基斯坦，印度猎隼出没于村庄的街道上。在南印度，黑色的游隼在寺庙顶上哺育后代。希基自己也说过，在19世纪，游隼曾在英国索尔兹伯里大教堂上筑巢。他还注意到，美国隼偶尔在那些商业时代的圣殿——摩天大楼上安家。摩天大楼俯瞰着城市的天际线，希基观察的隼就出没于其上。有些摩天楼明显带有未来主义色彩——纽约的克莱斯勒大厦和帝国大厦闪耀着混凝土和金属的光辉。[9]其他高楼则将经典建筑式样改造成非凡的体量。例如，在纽约州罗切斯特市，柯达总部大楼的钢架建筑以陶瓦铺面，顶上还有一个几十米高的铝塔。在摄影家奥托·贝特曼（Otto Bettmann）的那张著名照片中，易洛魁族的工人站在了洛克菲勒大厦顶上那尊突出且高高凌驾于城市之上的鹰隼头型排水口上。这既是现代主义迷恋原始主义的暗示，又是对猛禽的视野与力量的真正具象化比喻。在这座摩天大楼的顶端，隼俯瞰着网格状的街道和用棱角分明的石头及玻璃建造的大厦，分享着城市规划者的制图视角。如同作家大卫·奈（David Nye）阐释的：

从建筑物高层中瞥见的这种新奇远景是被刻意营造出来的，它很快成为管理阶层的必备要件。到了 20 世纪 20 年代，人们很快就意识到，从办公室望出去的超凡视角，就是对其世俗权力的具象化。[10]

这个高度上的景色令人叹为观止。它唤起了如同站在科罗拉多大峡谷边或落基山顶远眺美国荒野时带给观赏者的敬畏感和超越感。但是，从摩天楼顶看到的崇高景象和从山顶崖端看到的景色之间，有一个关键区别：于前者下方展开的不是自然，而是文明的总体。这是第二自然，城市风景替代了茫茫荒野。人类已经证明，他确实是自己所造之物的君主。

但也有些东西正在同时享受这些景色。真实的隼。它们让悬崖和摩天楼、自然和城市之间的相似之处有了天然依据。

图 88　　20 世纪 40 年代，纽约克莱斯勒大厦上的建筑工人
在这座宏伟的钢制栖木上抽烟休息

过冬的美国游隼将城市高耸的突出物当作悬崖栖息在上面，
并穿行于曼哈顿金融区的摩天楼峡谷间，以危险的极速尾追
鸽子。它们和那些居于顶层的管理者们一起分享山景，两者
都高高在上，远离下面都市丛林的拥挤与混乱。因为这些巨
型建筑是公司和个人权力的实体象征，隼选择在上面停留或
筑巢也有极大的象征意味。因为自然界中将视觉和力量都无
与伦比地展示出来的动物选了你的，而不是对手的总部大楼

作为它的家。如果隼舍弃悬崖来到你的建筑物上筑巢，那你就显然成功地创造了和高山一样不朽的高楼：你自己的奥林匹斯山。隼选择在最显著的资本主义象征物上筑巢，其捕猎活动也美化了资本主义的侵略性竞争，似乎资本主义是从隼那里获得了最终认可。

20世纪40年代最有名的城市游隼住在一座简直像山那么大的建筑上：那是蒙特利尔市多米宁广场上竖起的一座大到令人傻眼、由灰花岗石建成的高楼，永明人寿保险公司总部。1936年，一对游隼夫妇"认领了"永明大厦，当地的隼迷乔治·哈珀·霍尔（George Harper Hall）每天去那里观察它们。两年来，他看见这对隼努力筑巢，却以悲惨失败告终；雌鸟在下水管道中产卵，而鸟蛋很快就被水冲走了。于是，在1940年，霍尔请求永明公司同意对这对游隼的生存前景做出保障。他准备了两个浅浅的木头盒子，上面铺满砾石，并将其放到了大楼第20层的污水排放孔道上。隼接受了这两个盒子，在其中一个里产卵并孵出两只幼隼。霍尔非常高兴——而更让他高兴的是，到了第二年春天，这对隼再次成功育雏。但是，永明公司计划在五月整修该建筑的正面外墙，正忙着捕捉城里鸽子以喂养幼鸟的隼感觉受到侵犯，对建筑工人展开了攻击。工人们退却了，拒绝在鸟被处理掉以前继续施工。霍尔马上当起了隼的公关代表，不仅是当地

图89　　　一只美国游隼，以城市上空为家

报刊，连国家媒体也挑起了公众对其命运的激辩；从美国各地涌来的信件和电话都对此事提出建议。一名热心向工人显示隼并无恶意的年轻人头破血流地逃了回来，反倒合了工人们的意。永明公司悄悄推迟了工期，打算让隼继续生活下去，让风暴平息。一切得以圆满解决。如今被称为"永明隼"的这对隼夫妇是目前全世界最有名的一对飞禽，它们的生活不断见诸整个美国以及海外的文章、专栏和评论中。责难声也不绝于耳，称这些鸟是宣传噱头，是永明公司管理的半家养飞禽。"把几块粗糙的木板放在水沟上，再铺上些碎石，就

能被称为管理？"霍尔反驳道。

　　并非所有的游隼都这么受追捧。在这个时代，游隼仍然频频受到伤害。纽约的建筑物上经常有隼出入，一些房主会主动驱赶它们或杀死它们的幼雏。对纽约河滨教堂的神父来说，如果他的会众能在他的教堂台阶上看到隼猎杀鸽子的场景，他就会特别不高兴。20世纪40年代初，美国女演员奥利维娅·德哈维兰（Olivia de Havilland）在圣瑞吉酒店包了间房，有一对在其阳台附近墙顶上筑巢的隼被酒店员工用扫帚弄进木匣里杀死了。它们"旁若无人的嘶鸣"和"对无辜鸽子的滥杀"曾让酒店房客们感到不安——只有爱好驯隼术的德哈维兰为它们的死感到愤怒。[11] 而对于在自家住宅屋顶上训练隼的纽约人维恩·西费特（Vern Siefert）来说，麻烦则来自完全不同的方面：

　　事情是这样的，纽约黑手党对赛鸽非常有兴趣。这很好笑……就是喜爱鸽子并喜欢让它们比赛。但维恩的鸟儿常常抓住其中的一些。为了珍视的鸽子……他们把维恩赶出了纽约。没开玩笑。他们恐吓他直到他离开纽约。"因为他不打算放弃驯隼"，他们说，"好吧。真是这样？你等着挨揍吧，我们还会在你的头上标上赏金的。"于是他逃去了[科罗拉多]。[12]

虽说不会有遭到猎手射杀的危险，但这个城市也非幼隼的理想保育所，如果它们过早地长羽毛，就尤其如此。这里没有浣熊或狐狸，但有猫、狗、卡车、火车、有反射蓝天白云的大面积玻璃幕墙，也许会折断幼隼的脖子——这里还有对隼至少可以说是情感不明的人们。1945年6月，巡警托马斯·墨菲（Thomas Murphy）在西37街一座建筑物入口处的汽车底下发现的两只幼隼在布朗克斯动物园死去。但城市游隼的寿命并非终结于这样的身体伤害。敲响其丧钟的是杀虫剂。因为尽管表面享受到了进步，但城市隼仍不可能逃脱消费社会的化学残留物。1949年，在永明大楼安家的那只雌隼吃掉了自己的蛋，1953年，在多年的繁殖收效甚微之后，这对隼从多米宁广场消失了，永明公司大为惋惜，委托霍尔为他们这对著名的隼写本书。

然而，在20世纪80年代，DDT危机和那些涉及要将游隼重新放飞野外的不倦努力意外地带来了一个城市隼的全新时代。这些现代城市中的游隼有着迷人的文化内涵，帮助公司、政府和当地社团之间建立起新的联系，永久地改变了自然和这座城市的关系。与其先辈不同的是，它们有了名字。

乱世佳人

斯佳丽是宣布名隼时代到来的先驱。20世纪40年代的

A Fledgling of the Hawks That Have Been Killing Pigeons

图90   1945年6月，纽约中央公园的一名看守展示在西73号大街抓住的一只幼年游隼

永明雌隼虽然全球闻名，可她除了所代表的公司名外，没有自己的姓名。但20世纪70年代却进入了一个电视得以普及，生态备受关注的崭新十年。永生之隼的时代在两个重要意义上被终结了。第一，DDT危机意味着，物种作为一个整体，不能再被视为是不灭的；第二，由保护机构放飞的雏隼不再仅仅代表它们的物种，其腿上的环标使它们能够作为个体被辨识。

CHAPTER 6   URBAN FALCONS

图 91　　斯佳丽，巴尔的摩市的宠儿，正眺望着她的城市版图

1979 年春天，一只由人类捕捉并养大的游隼在于两年前从马里兰州埃基伍德兵工厂的旧炮塔上放飞后，来到总部位于巴尔的摩的美国渔猎局总部大楼第 33 层定居。这是一个幸运的巧合。她选择了在正好负责保护联邦游隼的机构总部生活。游隼基金会为她租回两只可能的伴侣；两只都没能待下来。但是斯佳丽——如今她有了名字——还是产下三个蛋，并养育过一只游隼基金会在野外营救的幼隼。在随后几年中，还有几只雄隼——都用《乱世佳人》中的角色命名——陆续放飞给斯佳丽配对。它们帮助她抚养人工孵化的幼隼，因为她自己产的蛋都是不育的。她成了货真价实的名人、吸引游客的热点、媒体的宠儿，甚至还引出了一部以她的生活故事为原型的童书。终于，在 1984 年，斯佳丽接受了一只没戴脚环的野生雄隼作伴侣。它被叫作博勒加德，并成功做到了其他雄隼做不到的事：令斯佳丽产下可育的蛋，并孵出四只健康的幼隼。不幸的是，当她的后代子孙刚能强健地飞行在巴尔的摩上空时，她就因念珠菌感染而死去。情深意切的悼文出现在当地及全国媒体上。隼巢还在继续，斯佳丽死后，一只新来的雌隼加入了博勒加德的家庭。

对游隼基金会、加拿大野生动物局和其他组织而言，让捕获后驯养的隼从高层建筑上恢复"驯飞"似乎是很棒的策略。因为它能解决在传统的崖间巢址放飞的许多问题。一来，

CHAPTER 6　URBAN FALCONS

图 92   由人捕捉并饲养一只幼年游隼在刚被放飞后，落在
        华盛顿特区的一个闭路监控镜头下休息，画面特别
        有力地展示了政治、自然和媒体之间的三角关系

巴尔的摩、华盛顿、蒙特利尔或纽约的市中心不会有大雕鸮。
二来，就像阿巴拉契亚山脉的陡峭崖面几十年前所起的作用
一样，高层建筑隔离、保护隼免受人类搅扰。但在城里放飞
隼有一个没有想到的副作用：北美的城市隼数量升到了前所
未有的高度。所有人都认为，城里放飞的隼会离开这种非自
然环境，居住到隼的自然栖息地中，在悬崖上繁衍生息。然
而，这些幼隼已经对它们搭建在城市风景中的"窝"产生了
强烈的印记，它们倾向于到市区和工业区寻找配偶或巢穴。

到了 20 世纪 80 年代末，游隼至少在 24 个北美城市和村镇安家落户，并在它们的城市居所发展出令人吃惊的新行为；例如，有些隼开始在夜间捕猎，借着城市路灯的微光，把鸽子从房角屋顶中抓出来。

城市居民对城市游隼的极大热情同样令人吃惊。20 世纪 80 年代，美国内政部长亲自批准在华盛顿特区的内政部大楼楼顶设立一个驯飞点，美国渔业及野生动物局在大堂安装了一套闭路电视系统，向公众展示来自屋顶的现场图像。和华盛顿特区一样，在巴尔的摩有隼出没的建筑物大堂中，驯飞点的闭路电视画面吸引了大量群众在午餐休息时间前来观看。他们都被迷住了。这些隼的诱惑力是什么？是什么把人带到了这里？

真实的震撼

关于动物消失在现代世界的作品已经连篇累牍，这种消失以多种形式呈现出来，其中最令人担心的是生物多样性的丧失和物种灭绝率的不断上升。但是，动物们的消失也体现在另一个意义上。定义现代时期的要素之一就是，野生动物不断绝迹于人类的居住区内，并在"人性的自身映像中再现同样一幕"[13]。这就是说，现实中的动物、真正活生生的动物，大规模地消失于日常城市生活中。它们被电视公司、纪录片拍摄者和广告商等制作的动物图像所代替。然而，许多人深深地持有一种观念，即把动物作为更意味深长、更不容易消散的现实标志——讽刺的是，它们常常是由自己在媒体上的影像塑造的。与野生动物产生联系或交流的渴望似乎使得有别于日常场所、日常生活和日常生计的旅行成为必需。于是，城镇的环境适合平日里生活，而能与动物产生联系的地方则通常遥远且不便。为了和海豚一起游泳、参加自然远足、登船出海看鲸，人们必须远行。

现代社会中，有关野生动物适合在正确地点生存的这些假说是如此深入人心，以至于当动物出乎意料地出现在"错误"地点时，就会造成极大的冲击力。例如，某位在灯光下盯着电脑屏幕的办公室白领突然听到就在离办公桌一米左右的窗框上传来撞击声，随后看到飘落的羽毛、一只死鸽子，还有一只正抓着它的隼，并且他觉得自己和这只野游隼已经进行了长久的对视。这样的遭遇往往让这位白领心生敬畏，用宗教般虔诚的语气谈起此事，把自己讲述为天选之子，隼，是为了某种特殊的精神灌输或救赎将他从芸芸众生中挑选出来。

直到不久前，人们仍认为人是城市世界中唯一的主动参与者。但正如城市地理学者阐释的那样，城市游隼在高技术建筑物和工业区上空的出现显示出"城市生活不仅限于技术和文化，或者更进一步地说，技术和文化也不仅限于人们的设计"¹⁴。这就是城市中的所谓"都市绿"，其重要性引起人们越来越多的注意。它正在成为屡遭环保组织责难的政府和管理部门获取政治资本的一个来源。人们开始明白，城市里的野生动物是如何帮助人们建起市民认同感的。例如，城市游隼创建了社区，正是它们的存在，能将人和城市以及人和人，强力而持久地"连接"起来。也许最令人感动到心碎的例子，来自纽约隼生物学家克里斯托弗·纳达瑞斯基（Christopher Nadareski）的讲述。那是在"9·11"发生几天后，他正在世贸"零点"上协助一支"夜班灭火队"：

> 我的注意力转移到冒着棕色烟柱的40至50层楼之上的天空，在那里，我发现了生存的迹象。一对游隼在这个新造成的空洞上盘旋，然后停落在伍尔沃斯大厦的观景台上……不知怎的，在这个残破的墓地中，隼所展现出的与纽约人的休戚相关，暂时驱散了我的沮丧。¹⁵

和很多北美及欧洲城市一样，纽约市里的每个隼巢都有人"领养"，这些人不间断地监护着里面的成年隼和幼隼。人们常常——多数时候是亲切，有时则是嘲讽地认为，隼夫妇是通过选择筑巢地区来分享社区生活。"路易斯和克拉克

图 93　"现实的震撼"：在多伦多，一只雌游隼带着她的猎物，一只美洲赤颈鸭，站在一间办公室的窗外平台上

图 94　加拿大游隼基金会为你提供认养一只隼的机会

在市中心的大都会人寿大楼上过着快节奏生活,"纳达瑞斯基描述道,"红—红和 P. J. 是一对重视健康的夫妇,以前住在纽约康奈尔医疗中心。"16 隼的有效领养证明由加拿大游隼基金会颁发,这家慈善机构十年来一直在城市隼现象中走在前列。加拿大游隼基金会针对城市里的加拿大游隼,执行着一项有高度影响力的教育计划和公众推广计划,并通过其网站提供丰富的隼数据、照片和故事。

在这些团体中,唯一被允许和城市隼有身体接触的人是生物学家,但经过严格训练的专家只是关心隼的芸芸都市人群中很小的一部分而已。当地隼迷中超级专注的一些骨干通过双筒或单筒望远镜观察隼;他们认为自己是在守卫"他们的"隼。更多的城市社团也投身其中,作为一线的"耳目"。也许最奇特、最新颖且贪心地关注每个隼巢的社群是在网上。如今有很多安装了网络摄像头的城市隼巢进行网上直播,就是这样的摄像头培养出了现实中存在的几个很有吸引力的社群,下一节将描述到它们。

隼瘾患者和浴袍准将

业务横跨美国的大公司都把有隼在其总部大楼上筑巢作为公司致力于环保的标志。例如,软件业巨头甲骨文公司就给加利福尼亚大学圣克鲁斯猛禽研究小组捐赠了 20 万美元,为其教育计划、隼网站和项目研究人员提供资金。2000—2002年间，在加州红木滩市，甲骨文公司那具有未来主义风格的园区内有隼筑巢，在爱鸟员工的鼓动下，"甲骨文隼"也有了自己的网络摄像头。"甲骨文专注于帮助维持和保护像游隼这样的濒危物种。"甲骨文捐赠和志愿者部的主管罗莎莉·甘恩（Rosalie Gann）这样说道。[17]

在纽约州罗切斯特市柯达公司楼上繁衍生息的游隼在所有城市隼中最为有名。它们是被引诱到那里去的。1994年，罗切斯特燃气和电力公司的环境分析员丹尼斯·莫尼（Dennis Money）问柯达公司是否可以把一个筑巢箱放在柯达大楼楼顶附近，离街面有110米高的地方。他们同意了。四年之后，一对游隼发现了箱子，并在此繁衍。一名柯达员工建议说，也许我们可以在箱子边安装一台数码相机。公司立即付诸行动。在与开启城市隼网络摄像的先行者，设立在安大略省的加拿大游隼基金会讨论了几个月后，他们并没有只装上一部相机就算了，而是将实时照片发布到网站上，世界闻名的柯达游隼网站"Birdcam"就这样开始了运行。

该网站是一个不可思议的现象。以加拿大游隼基金会最初的模式为基础，网络摄像头被植入到精心谋划的网站上，部分为了教育，部分为了明星效应，部分为了展示产品——你可以通过柯达公司的OFOTO数码销售服务，在网上购买隼的照片。柯达对想担任罗切斯特市游隼观察员的人提出以下建议：

> 观察这些高贵的鸟儿会让您屏息静气，带着相机来拍好多好多照片吧。长焦镜头几乎说是拍摄近距离照片的必需装备。柯达 EASYSHARE DX-6490 数码相机拥有内置式 10X 光学长焦镜头，是拍摄游隼照片的理想伴侣。[18]

和之前加拿大的网络摄像头引发的结果一样，以柯达隼为共同情感纽带，由本地和国际上的"隼志愿者"组成的各类社群建立起来。进一步说，对柯达公司本身而言，网站的访客是通过柯达之眼，即四个定焦视频摄像头和一个柯达 DC4800 变焦数码相机，来逐一观察这些隼的。这些隼是品牌代言人，它们的家族谱系和传记都在网站上展示出来。网站论坛中的留言非常精彩。有专门献给隼的诗歌，也有观隼的记述；有对这些小家伙幸福与否的挂念，也有对隼的行为与习性的提问，还有数条留言是发帖人对当年幼隼即将离巢时令其泪下的告白。在这里，拥有专业隼知识意味着要知无不言，言无不尽。这些隼志愿者并非不谙世事的一群人。他们清楚地懂得，除了展示公司的环保投入，柯达通过该网站与隼建立起的联系还有重要的品牌化信息——但他们对此并

图 95　　　纽约州罗切斯特市柯达公司总部，"柯达隼"的家

不深究。在一条题目为"鸟儿让我买了它"的留言中，发帖人写道："眼下提到柯达，我感到的是温暖……讨厌去想当我的股票经纪人提到柯达时我会什么样。"[19]

许多帖子都是在和其他上瘾的同道中人分享带有负罪感的快乐。"我开始一逮到机会就发帖，"一位论坛常客写道，"我成了一位站上跳台的'浴袍准将'。我会一连坐在电脑前好几个小时，把家务事撂在一边。"她继续写道：

在游隼季节，我们吃快餐、花生奶油三明治，拿速冻食品当晚餐。我的孩子们喜欢这样！他们不必咽下妈妈做的怪

第六章　城市隼

味素食了！他们还经常要放下手边的事情，被叫过来看游隼。有时，他们刚刚回到楼上，就又被我叫下来再看一眼。嘿，这倒是不错的办法！在楼梯上上下下可以帮助他们消耗掉那些垃圾食品！[20]

远程呈现和介入

在你的电脑屏幕上观察隼是真正地观察隼么？摄像头下的游隼只是另一种伪装下的肥皂剧，还是一种与电视真人秀时代相适宜的观察自然活动？文化理论家保罗·维里利奥认为，现代世界进入了一个"远程呈现"代替真实存在的时代，虚拟生活被创建出来，以对抗正变得琐碎无聊的日常生活。[21]的确，有人批评 Birdcam 网站使人们所剩无几的自然体验变得更贫乏了。他们认为它是一种被动的、扶手椅中的自然主义，和通过观察悬崖上的隼巢而产生的沉浸于大自然中的体验相差太远。但这些隼是虚拟的、非真实的么？隼摄像头只是动物从人们的生活中消失，然后由公司用象征性投资装裱起来的那些纯图片来代替动物的另一个例证么？

也许并非如此。第一，隼摄像头传送的是未经处理的自然事件。虽然它们以卫星技术为媒介，但这些网络摄像头能让你在不打扰动物的前提下观察和监视它们，这和生物学家长久以来观察和理解动物行为时采取的隐藏和蒙蔽方法极为相似。隼摄像头意味着，以如此不受制约的视角关注自然事件不再是专家们独享的领域。在马萨诸塞州的斯普林菲尔德市，公共电视频道向大约20万名本地用户直播一个当地游隼巢的视频。美国渔业及野生动物局雇员托马斯·弗伦奇（Thomas French）感兴趣的是，该节目促成了当地环保意识的提升。"一个野生动物议题正在成为普通人的谈话内容，而不仅仅是专家和专业人员之间的对话"，他说。现在这已经成"城市结构中的一部分"。[22]

因此，网络摄像头使人们得以熟悉那些过去只有专门的科学家、自然学者和猎人费尽气力才能获得的野生动物生活细节——而且不费吹灰之力。于是，转播实况的摄像头使自然知识民主化了。就像弗伦奇所说，斯普林菲尔德市的实况直播向观众展示着"过去连职业鸟类学家都没有看到过的东西。人们喜爱这样"[23]。这些网络摄像头既挑战着人们普遍所持的外行与科研专家不可调和的观念，也挑战着认为在电视和电脑屏幕看图像就是被动消耗的观念。这些网络摄像头支持观众的积极参与行为。这就是它们不同于电视真人秀节目的地方。斯普林菲尔德市的居民们事实上已实时介入到这些鸟的生活中。观众曾打电话进来报告说有一只幼隼情况不妙，弗伦奇便从大楼第23层赶下来，救了那只被食物噎住的小鸟。所以这些隼摄像头从任何意义上说都有益处：它们

图96　　2003年6月，五只年幼的"柯达游隼"待在增添了技术含量的巢箱中

创建了全新且独特的广泛社群，人们和飞禽作为积极的作用者被囊括进来，彼此影响并充实着对方的生活。这种混合的社群是快乐的。

进化并非一夜之间发生

世界越来越都市化。发展对自然环境的破坏越来越大。食肉鸟更为普遍地定居在城市，利用城里的楼宇或工业区的

图 97　　　加利福尼亚的一对城市游隼

建筑物筑巢，并在那里猎食或栖息。从美国到中国，隼在诸如桥梁、楼房、电线杆、发电站、谷仓，甚至火车站顶棚的各类人造建筑上筑巢。长期以来，这样的现象看上去是"反常"的，因为几个世纪中，人们总觉得野生动物应该存在于与人类事务和技术截然分开的领域。但最近，科学家们虽然不无批评，但还是接受了城市猛禽的观念。就在猛禽研究基金会正忙着组织一次关于城市猛禽的研讨会时——部分资金由渴望提升其环保资历的公司赞助——有人对举办这样一种主题的研讨会提出了种种道德质疑。这是否将向人们传递

第六章　城市隼

图98　　2005 年，在地铁伦敦桥站的地下通道里，来往乘客和壁画上一只戴头罩的隼

"关心经济事务多于关注环保和野生动物遗产问题"的错误信息？ [24] 会议主办者的反应十分坚定。他们解释说，以城市猛禽为议题有充分的动物保护理由。城市游隼提供的基因库能填充或填补游隼这一物种在更加自然的环境中形成的基因空白区域。重要的是，它们使"孩子及其他除此之外没机会在野外环境下看隼的社会阶层"有机会接近隼。但是研讨会出版物的编者序是以一段重要的警示说明作为结束：

在这个令人沮丧的时代，人口激增，自然环境大规模改变，野生动物数量全球范围内下降，环保人士极度需要一个正面消息。这本书提供了很多善于利用机会的猛禽适应人类生活领域的例子。但它们无法独立做到这些。[我们] 必须保证那些对它们有吸引力的生态特征仍然存在于目前的环境中，以帮助猛禽慢慢产生对人类活动的耐受性。进化并非一夜之间发生。[25]

2004 年 6 月，城市隼又一次让我们回到隼与神性交汇的古老与厚重中。《纽约时报》报道说，游隼正在犹他州盐湖城圣殿广场摩门教的总部建筑上筑巢。在幼隼练习飞翔的阶段，一队穿橙色背心的志愿者在隼巢附近的街道旁巡视，以确保这些小家伙不会被汽车撞到。一位 75 岁的退休经理人琼·吕贝恩 (June Ryburn) 说："如果鸟飞到街上，鲍勃会试着抓住它，而我则要想办法拦住过往车辆。"一对来自华盛顿的夫妇带着他们的七个孩子来参观教堂，他们注意到人群中的骚动。18 岁的麦克纳·霍洛韦（McKenna Holloway）说，"我们本以为每个人都在看先知"，他话里的先知指的是该教堂住持戈登·B. 欣克利（Gordon B. Hinkley），"随后我们意识到，他们看的其实是那些鸟儿。"[26]

图 99　　一只成年雄性游隼

大事年表

8300 万—7200 万年前

隼科在进化中与鹰科分离开来。

800 万—700 万年前

进化出今日隼属中的大部分隼种。

公元前 3500 年

埃及奈赫恩地区的格尔塞城奉行隼崇拜。

公元前 2000 年

安纳托利亚地区有驯隼术出现。

公元前 200 年

中国出现驯隼术。

公元 440 年

匈奴王阿提拉带着象征他的阿尔泰隼去指挥军事战斗。

800 年

驯隼术进入英国。

900 年

由国王豪厄尔达编撰的威尔士法律规定，在一天愉悦的鹰猎活动之后，国王应当站着迎接王的驯隼人进入大门。

1173 年

英格兰国王亨利二世每年都要派人去彭布罗克郡的海边悬崖上取回一只幼年游隼。

1208 年

国王约翰严格规定驯隼术专属国王。

1247 年

腓特烈二世的巨著《鹰猎的艺术》面世。

1348 年

薄伽丘《十日谈》的第 59 个故事描写了一位一文不名的骑士费代里科把他珍视的隼杀掉，用来款待他所追求的女士。

1486 年

朱丽安娜·伯纳斯夫人（Juliana Berners）所著《圣奥尔班斯之书》（*Boke of St Albans*）是第一本用英文讲述驯隼术的印刷书籍。

1495 年

一项英国法令禁止王室外的任何人拥有英国隼，否则将处以一年零一天监禁，罚款，并没收隼。

1515 年

在自己的登基典礼上，可汗穆罕默德 - 格来（Mohammed-Gired）向莫斯科提出"三倍于九只矛隼和鱼牙（独角鲸的长角）"的需求。

1650 年

俄国的矛隼捕捉同业联盟被授予免除一切地方税和关税，并且有权在他们所到之处领取伙食费和交通费。隼被装在封闭的雪橇中送往莫斯科，雪橇内部衬以毛毡和椴树皮编成的席子。

1686 年

圣奥尔班斯公爵成为世袭的英格兰皇家驯隼人，年薪 1500 英镑。

1718 年

英国作家贾尔斯·雅各布（Giles Jacob）说，驯隼术"因为费事且花费高而广受争议，特别是在运动者们发现射击是如此完美之后"。

1762 年

丹麦进口大量矛隼，以送给其他欧洲国家作为外交礼物。从冰岛到哥本哈根的两周路途中，这些隼吃掉 50 头牛和 20 只绵羊。

1771 年

生活放荡的桑顿上校（Colonel Thornton）使驯隼术在英国复兴。

1860 年

未经证实的报告说游隼在伦敦圣保罗大教堂上安家。

1871 年

德国文学大师保罗·海泽（Paul Heyse）为中短篇小说理论贡献了两个引起争议的术语："剪影式"（专注于一项冲突）和"隼式"（表达冲突的道德含义）。

1939 年

DDT 被发明。

1940 年

以冒险和解决麻烦为职业的"猎鹰盖伊"（The Gay Falcon）是作家迈克尔·阿伦（Michael Arlen）创造的人物，主演乔治·桑德斯以扮演这一角色而在电影界扬名。

1960 年

第一辆福特隼式轿车出厂。

1964 年

北美驯隼人协会证实，生活在东海岸的美国游隼灭绝。

1974 年

游隼基金会放飞第一只由人捕捉并饲养的幼隼。2 月 2 日，在加利福尼亚的爱德华兹空军基地，美国空军试飞中心，F-16 战隼战斗机首飞。

1999 年

游隼被从美国濒危动物名单中去除。

2000 年

游隼在伦敦巴特西（Battersea）发电站哺育后代。

2001 年

因抛撒杀灭啮齿动物的有毒谷物，猎隼在蒙古大量死亡。

注 释

前 言

1. W. Kenneth Richmond, *British Birds of Prey* (London, 1959), p. ix.

2. Stephen Bodio, *A Rage for Falcons* (Boulder, co, 1984), p. 9.

第一章

1. W. Kenneth Richmond, *British Birds of Prey* (London, 1959), p. 50.

2. Quoted in J. G. Cummins, *The Hound and the Hawk: The Art of Medieval Hunting* (London, 1988), p. 190.

3. Edmund Bert, *An Approved Treatise of Hawkes and Hawking* (London, 1619), p. 19.

第二章

1. Rosalie Edge, 'The Falcon in the Park', *American Falconer* (July 1942), pp. 7–8.

2. Charles Q. Turner, 'The Revival of Falconry', *Outing* (February 1898), p. 473.

3. Fable 164 from Thomas Blage, *A schole of wise Conceytes* (London,1569), pp. 180–81.

4. Juliana Berners, *The Book of Haukyng hunting and fysshyng* [Book of St Albans] (London, 1566) [Eiv v–r].

5. Quoted in J. G. Cummins, *The Hound and the Hawk: The Art of Medieval Hunting* (London, 1988), p. 190.

6. Richard Meinertzhagen, *Pirates and Predators: The Piratical and Predatory Habits of Birds* (Edinburgh, 1959), p. 16.

7. Meinertzhagen, *Pirates and Predators*, p. 25.

8. Meinertzhagen, *Pirates and Predators*, p. 23.

9. History overview: http://www.atlantafalcons.com/history/001/051.

10. Dave Barry, 'Sex-craving Falcons Can Teach Politicians about the Hat Trick', *Gazette Telegraph, Colorado Springs* (14 July 1990), p. d3.

11. John Loft, *D'Arcussia's Falconry* (Louth, 2003), p. 261.

12. Eugene Potapov, 'The Saker Falcon', unpublished manuscript, Chapter 1.

13. Loft, *D'Arcussia's Falconry*, p. 144.

14. Three-dollar Bar Billy, speaking around 1901–2, quoted in A. L. Kroeber and E. W. Gifford, *Karok Myths* (Berkeley, ca, and London, 1980), p. 46.

15. Loft, *D'Arcussia's Falconry*, p. 143.

16. Cummins, *The Hound and the Hawk*, p. 231.

17. J. G. Cummins, 'Aqueste lance divino: San

Juan's Falconry Images', in *What's Past is Prologue: A Collection of Essays in Honor of L. J. Woodward*, ed. Salvador Bacarisse (Edinburgh, 1984), pp. 28–32.

18. Alonso Dámasco and J. M. Blecula, *Antologia de poesia española: Poesia de tipo traditional* (Madrid, 1956).

19. Quoted in Cummins, *The Hound and the Hawk*, p. 228.

20. William Bayer, *Peregrine* (New York, 1981).

21. Bayer, *Peregrine*, p. 249.

22. Ursula Le Guin, *A Wizard of Earthsea* (London, 1971), pp. 141–2.

23. Victor Canning, *The Painted Tent* (London, 1979), p. 56.

24. Canning, *Painted Tent*, p. 35.

25. T. H. White, *The Sword in the Stone* (London, 1939), p. 129.

26. White, *Sword in the Stone*, p. 126.

27. T. H. White, *The Godstone and the Blackymor* (London, 1959), p. 20.

28. J. Cleland, *Institution of a Young Noble Man* (Oxford, 1607), p. 223.

第三章

1. Hans J. Epstein, 'The Origin and Earliest History of Falconry', *Isis*, XXXIV, 1943, p. 497.

2. Gilbert Blaine, *Falconry* (London, 1936), p. 13.

3. Blaine, *Falconry*, p. 11.

4. Harold Webster, *North American Falconry and Hunting Hawks* (Denver, CO, 1964), p. 12.

5. Webster, *North American Falconry*, p. 12.

6. Jim Weaver, 'The Peregrine and Contemporary Falconry', in Tom J. Cade et al., *Peregrine Falcon Populations: Their Management and Recovery* (Boise, ID, 1988), p. 822.

7. William Somerville, *Field-Sports. A Poem. Humbly Address'd to His Royal Highness the Prince* (London, 1742), p. 7.

8. Stephen Bodio, *A Rage for Falcons* (Boulder, CO, 1984), p. 7.

9. John Gerard, *The Autobiography of a Hunted Priest*, trans. Philip Caraman (New York, 1952), p. 15.

10. Richard Barker, trans. and intro., *Bestiary* [MS Bodley 167] (London, 1992), p. 156.

11. Lord Tweedsmuir, *Always a Countryman* (London, 1953), p. 128.

12. Robin Oggins, 'Falconry and Medieval

Social Status', Mediaevalia, XII (1989), p. 43.

13. Robert Burton, *The Anatomy of Melancholy*, ed. Holbrook Jackson (New York, 2001), ii, p. 72.

14. Richard Pace, *De fructu qui ex doctrina percipitur* (Basel, 1517), quoted in Nicholas Orme, *English Schools in the Middle Ages* (London, 1973), p. 34.

15. John Loft, *D'Arcussia's Falconry* (Louth, 2003), p. 215.

16. Loft, *D'Arcussia's Falconry*, p. 267.

17. *The Art of Falconry, being the 'Arte Venandi cum Avibus' of Frederick II of Hohenstaufen*, trans. and ed. C. A. Wood and F. M. Fyfe (Stanford, CA, 1943), p. 3.

18. Marco Polo, *The Travels of Marco Polo*, ed. and trans. Ronald Latham (London, 1958), p. 144.

19. Sir John Chardin, *Travels in Persia, 1673–1677* (New York, 1988), p. 181.

20. Christian Antoine de Chamerlat, *Falconry and Art* (London, 1987), p. 171.

21. W. Coffin, 'Hawking with the Adwan Arabs', *Harper's Weekly*, 57 (15 March 1913), p. 12.

22. E. Delmé-Radcliffe, *Notes on the Falconidae used in India in Falconry* (Frampton-on-Severn, 1971), p. 11.

23. Delmé-Radcliffe, *Notes on the Falconidae*, p. 1.

24. Lt Col. E. H. Cobb, 'Hawking in the Hindu Kush', *The Falconer*, 11/5 (1952), p. 12.

25. Cobb, 'Hawking in the Hindu Kush', p. 9.

26. John Buchan, *Island of Sheep* (London, 1936), p. 26.

27. Webster, *North American Falconry*, p. 11.

28. Letter from Sig Sigwald, Collection Archives of American Falconry.

29. T. H. White, *The Goshawk* (London, 1951), p. 27.

30. White, *The Goshawk*, pp. 17–18.

31. J. Wentworth Day, *Sporting Adventure* (London, 1937), p. 205.

32. Bodio, *A Rage for Falcons*, p. 131.

33. Bodio, *A Rage for Falcons*, p. 130.

34. Aldo Leopold, 'A Man's Leisure Time', in *Round River: From the Journals of Aldo Leopard*, ed. Luna B. Leopold (New York, 1953), p. 7.

35. Nick Fox, *Understanding the Bird of Prey* (Blaine, WA, 1995), p. 345.

第四章

1. 'Peregrine Chicks Hatch in London', BBC News UK edition, 8 June 2004, http://news.

bbc.co.uk/1/hi/england/london/3788409.stm.

2. Dr P. C. Hatch, *Notes on the Birds of Minnesota* (Minneapolis, MN, 1892), p. 200.

3. Maarten Bijleveld, *Birds of Prey in Europe* (London, 1974), p. 5.

4. James Edmund Harting, *The Ornithology of Shakespeare* (London, 1871), p. 82.

5. Dugald Macintyre, *Memories of a Highland Gamekeeper* (London, 1954), p. 67.

6. Henry Williamson, *The Peregrine's Saga and other Wild Tales* (London, 1923), p. 222.

7. Williamson, *The Peregrine's Saga*, p. 210.

8. Ellsworth Lumley, *Save Our Hawks: We Need Them*, Emergency Conservation Committee reprint (New York, 1930s).

9. Junius Henderson, *The Practical Value of Birds* (New York, 1934), p. 198.

10. Joseph A. Hagar, quoted in Tom Cade and William Burnham, eds, *Return of the Peregrine: A North American Story of Tenacity and Teamwork* (Boise, ID, 2003), p. 4.

11. Thomas Dunlap, *Nature's Diaspora* (Cambridge, 1999), p. 255.

12. Arthur A. Allen, 'The Audubon Societies School Department: The Peregrine', *Bird Lore*, XXXV/1 (1933), pp. 60–69.

13. Frank Craighead and John Craighead, *Hawks in the Hand: Adventures in Photography and Falconry* (New York, 1939), p. 47.

14. Craighead and Craighead, *Hawks in the Hand*, p. 35.

15. H. N. Southern, 'Birds of Prey in Britain', *Geographical Magazine*, XXVII/1 (1954), pp. 39–43.

16. Southern, 'Birds of Prey in Britain', p. 43.

17. David Zimmerman, 'Death Comes to the Peregrine Falcon', *New York Times Magazine* (9 August 1970), section 6, pp. 8–9, 43.

18. Joseph J. Hickey, 'Some Recollections about Eastern North America's Peregrine Falcon Population Crash', in Tom J. Cade et al., *Peregrine Falcon Populations: Their Management and Recovery* (Boise, ID, 1988), p. 9.

19. Delphine Haley, 'Peregrine's Progress', *Defenders of Wildlife*, 51 (1976), p. 308.

20. Roy E. Disney, 'The Making of Varda, the Peregrine Falcon', in *Return of the Peregrine: A North American Story of Tenacity and Teamwork*, ed. Tom Cade and William Burnham (Boise, ID, 2003), p. 20.

21. Faith McNulty, 'The Falcons of Morro Rock', *New Yorker*, 23 (1972), p. 67.

22. Tom Cade, quoted in Haley, 'Peregrine's

Progress', p. 308.

23. David Zimmerman, *To Save a Bird in Peril* (New York, 1975), p. 19.

24. Cade and Burnham, *Return of the Peregrine*, p. 73.

25. John Loft, *D'Arcussia's Falconry* (Louth, 2003), p. 207.

26. Tom Maechtle, quoted in *New York Times Magazine*, 22 June 1980.

27. A. Shoumantoff, 'Science Takes up Medieval Sport to Help Peregrines', *Smithsonian* (December 1978), p. 64.

28. Tom Cade, *Peregrine Fund Newsletter*, 7 (1979), p. 1.

29. A. Gore, 'Statement by Vice President Al Gore', press release (19 August 1999), The White House, office of the Vice President.

第五章

1.'Discussion questions' Birds–animal lesson plan (grades 9–12), http://school.discovery. com/lessonplans/programs/birdsofprey.

2. G. P. Dementiev, *The Gyrfalcon* (Moscow, 1960).

3. Philip Glasier, *Falconry and Hawking* (London, 1978), p. 163.

4. Karl von Clausewitz, *On War*, trans. O. J.

Matthijs Jollis (Washington, DC, 1953), p. 5.

5. Master Sgt Patrick E. Clarke, 'Bye-bye Birdies: March Looking at Adding Falcons to its Arsenal of Bird Strike Weapons', *Citizen Airman Magazine* (1996), http://www.afrc. af.mil/HQ/citamn /Dec98/falcons.htm.

6. Clarke, 'Bye-bye Birdies'.

7. Morgan Berthrong, oral history interview with S. Kent Carnie, 1990, Transcript Archives of American Falconry, p. 22.

8. Ronald Stevens, 'How Trained Hawks Were Used in the War', *The Falconer*, II/1 (1948), pp. 6–9.

9. Associated Press report, Archives of American Falconry file 86-2 (correspondence, R. Stabler, n.d.).

10. Stevens, 'How Trained Hawks Were Used in the War', p. 9.

11. Frank Illingworth, *Falcons and Falconry* (London, 1949), pp. 23–4.

12. *American Weekly*, Archives of American Falconry (n.d., c. 1941).

13. John E. Bierck, ' "Dive-Bombing" Falcons to Play War Role under Army Program', *New York Herald Tribune* (1941), Archives of American Falconry.

14.'Falcons on Duty', *New Yorker* (30 August

1941), p. 9.

15. Letter from George Goodwin to Robert Stabler (30 August 1941), Archives of American Falconry.

16. Letter from Robert Stabler to Mr Frederick C. Lincoln, Chief, FWS, Dept of the Interior, Washington, DC (26 August 1941), Archives of American Falconry.

17. Interview with Robert M. Stabler by J. K. Cleaver, dated 4 March 1983, Archives of American Falconry, p. 22.

18. 'A Bird in Hand', *The Monitor*, XLVI/2 (March 1956), p. 16.

19. United States Air Force Fact Sheet: 'The Falcon', http://www.usafa.af.mil/pa/factsheets/falcon.htm.

20. 'The Hammer and the Feather', Apollo 15 Lunar Surface Journal, http://history.nasa.gov/alsj/a15/a15.clsout3.html.

21. United States Air Force Cadet Peterson, quoted in Sam West, 'Falconry: Power, Grace and Mutual Trust', *Air Force Football Magazine* (2 October 1965), pp. 4–5, 39.

22. 'Hints at Goering Aim in Visiting Greenland: Ex-Air Corps Pilot Suspects a Purpose Beyond Falconry', *New York Times* (14 April 1940), p. 41.

23. Paul Virilio, *A Landscape of Events*, trans. Julie Rose (Cambridge, MA, 2000), p. 28.

24. *Joint Vision 2020*, available at: http://www.dtic.mil/jointvision.

25. 美国空军第五侦擦中队的座右铭。

26. Rocky Barker, 'BSU Scientists Use Transmitters to Track Falcons', *Idaho Statesman*, reprinted in Center for Conservation Research & Technology (CCRT) *Recent Media Coverage of Field Research Efforts*.

27. Barker, 'BSU Scientists Use Transmitters to Track Falcons'.

28. Robert Lee Hotz, 'Spying on Falcons from Space', *Los Angeles Times* (14 October 1997).

29. US Department of Defense and US Fish and Wildlife Service, *Protecting Endangered Species on Military Lands* (2002), http://endangered.fws.gov/dod/ES%20on%20military%20lands.pdf.

第六章

1. Tom Cade, *Peregrine Fund Newsletter* (1980), p. 11.

2. Roger Tory Peterson, *Birds over America* (New York, 1948), p. 135.

3. Akira Lippit, *Electric Animal: Toward a Rhetoric of Wildlife* (Minneapolis, MN, 2000),

p. 21.

4. Henry Williamson, *The Peregrine's Saga and other Wild Tales* (London, 1923), p. 198.

5. Williamson, *The Peregrine's Saga*, p. 211.

6. Williamson, *The Peregrine's Saga*, p. 217.

7. Joseph Hickey, 'Eastern Populations of the Duck Hawk', *Auk*, 59 (April 1942), p. 193.

8. Letter from Joseph Hickey to Walter Spofford (9 June 1940), Archives of American Falconry.

9. Hickey, 'Eastern Populations of the Duck Hawk', p. 179.

10. David E. Nye, *American Technological Sublime* (Cambridge, MA, 1994), pp. 96–7.

11. 'St Regis Ejects Baby Hawks from 16th Floor Balcony Nest', *Pennsylvania Game News* (August 1943), p. 26.

12. Robert M. Stabler, interviewed by James K. Cleaver (1983), transcript, Archives of American Falconry, p. 33.

13. Lippit, *Electric Animal*, p. 25.

14. Steve Hinchcliffe and Sarah Whatmore, 'Living Cities: Towards a Politics of Conviviality', *Science as Culture*, XV/2, special issue on techno natures (2006).

15. Tom Cade and William Burnham, eds, *Return of the Peregrine: A North American Story of Tenacity and Teamwork* (Boise, ID, 2003), p. 99.

16. Cade and Burnham, *Return of the Peregrine*, p. 99.

17. University of California Santa Cruz press release (19 January 2005).

18. 'Visiting the Falcon's Neighborhood', http://www.kodak.com/eknec/PageQuerier. jhtml?pq-path=38/492/2017/2037/2063&pq-locale=en_US.

19. Karen Gus, Kodak Birdcam discussion board, 07:57am 18 July 2003 EST (#17821 of 17889).

20. Hootie, Kodak Birdcam discussion board, 09:14 pm 17 July 2003 EST (#17763 of 17889).

21. P. Virilio, 'The Visual Crash', in *Rhetorics of Surveillance from Bentham to Big Brother*, ed. T. Y. Levin, U. Frohne and P. Weibel (Karlsruhe, 2002), p. 109.

22. Quoted in Doreen Leggett, 'Peregrine Falcons', *Cape Codder* (28 January 2005), http://ww2.townonline.com/brewster/localRegional/view.bg?articleid=174563.

23. Legget, 'Peregrine Falcons'.

24. D. Bird, D. Varland and J. Negro, eds, *Raptors in Human Landscapes* (London, 1996), p. xvii.

25. Bird, Varland and Negro, *Raptors in Human Landscapes*, p. xviii.

26. Melissa Sanford, 'For Falcons as for People, Life in the Big City has its Risks as Well as its Rewards', *New York Times* (28 June 2004), section a, p. 12, col. 1.

参考文献

Anderson, S. H., and J. R. Squires, *The Prairie Falcon* (Austin, TX, 1997)

Baker, John Alec, *The Peregrine* (New York, 2005)

Blaine, Gilbert, *Falconry* (London, 1936)

Bodio, Stephen, *A Rage for Falcons* (Boulder, co, 1984)

Burnham, William, *A Fascination with Falcons: A Biologist's Adventures from Greenland to the Tropics* (Blaine, WA, 1997)

Cade, Tom, and William Burnham, eds, *Return of the Peregrine: A North American Saga of Tenacity and Teamwork* (Boise, ID, 2004)

Chamerlat, Christian Antoine de, *Falconry and Art* (London, 1987)

Craighead, Frank, and John Craighead, *Hawks in the Hand: Adventures in Photography and Falconry* (Boston, MA, 1939)

——, *Life with an Indian Prince* (Boise, ID, 2001)

Craighead George, Jean, *My Side of the Mountain* (New York, 1959)

Cummins, John, *The Hound and the Hawk: The Art of Medieval Hunting* (London, 1988)

Enderson, Jim, *Peregrine Falcon: Stories of the Blue Meanie* (Austin, TX, 2005)

Ford, Emma, *Gyrfalcon* (London, 1999)

Fox, Nick, *Understanding the Bird of Prey* (Blaine, WA, 1994)

262

Frederick II of Hohenstaufen, *The Art of Falconry, being the 'Arte Venandi cum Avibus' of Frederick II of Hohenstaufen*, trans. and ed. C. A. Wood and F. M. Fyfe (Stanford, CA, 1943)

Fuertes, Louis Agassiz, 'Falconry, the Sport of Kings', *National Geographic*, XXXVIII/6 (1922), pp. 429–60

Glasier, Philip, *As the Falcon Her Bells* (London, 1963)

——, *Falconry and Hawking* (London, 1978)

Haak, Bruce, *Pirate of the Plains: The Biology of the Prairie Falcon* (Blaine, WA, 1995)

Loft, John, trans. and ed., *D'Arcussia's Falconry* (Louth, Lincs, 2003)

Oggins, Robin S., *The Kings and their Hawks: Falconry in Medieval England* (New Haven, CT, 2004)

Parry-Jones, Jemima, *Jemima Parry-Jones' Falconry: Care, Captive Breeding and Conservation* (Newton Abbot, 1993)

Potapov, Eugene, and Richard Sale, *The Gyrfalcon* (London, 2005)

Ratcliffe, Derek, *The Peregrine* (London, 1980)

Tennant, Alan, *On the Wing: To the Edge of the Earth with the Peregrine Falcon* (New York, 2004)

Treleaven, R. B., *In Pursuit of the Peregrine* (Wheathampsted, Herts, 1998)

Upton, Roger, *A Bird in the Hand: Celebrated Falconers of the Past* (London, 1980)

——, *Arab Falconry: History of a Way of Life* (Blaine, WA, 2001)

Zimmerman, David, *To Save a Bird in Peril* (New York, 1975)

协会及网站

驯鹰术档案馆

ARCHIVES OF FALCONRY

www.peregrinefund.org/american_falconry.asp

英国驯隼人俱乐部

BRITISH FALCONERS CLUB

www.britishfalconersclub.co.uk

英国鸟类信托

BRITISH TRUST FOR ORNITHOLOGY

www.bto.org

加拿大游隼基金会

CANADIAN PEREGRINE FOUNDATION

www.peregrine-foundation.ca

酋长国驯隼人俱乐部

EMIRATES FALCONERS CLUB

www.emiratesfalconersclub.com

鹰与猫头鹰信托

HAWK AND OWL TRUST

www.hawkandowl.org

观鹰国际

HAWKWATCH INTERNATIONAL

www.hawkwatch.org

国际驯隼术及猛禽协会

INTERNATIONAL ASSOCIATION FOR FALCONRY & BIRDS OF PREY

www.i-a-f.org

国际猛禽中心

INTERNATIONAL CENTER FOR BIRDS OF PREY

www.internationalbirdsofprey.org

《国际驯隼人》杂志

INTERNATIONAL FALCONER MAGAZINE

www.intfalconer.com

柯达游隼网站

KODAK BIRDCAM

birdcam.kodak.com

马歇尔无线电遥测公司

MARSHALL RADIO TELEMETRY

www.marshallradio.com

马丁·琼斯驯隼用具公司

MARTIN JONES FALCONRY EQUIPMENT

www.falconryonline.com

北美驯隼人协会

NORTH AMERICAN FALCONERS' ASSOCIATION

www.n-a-f-a.org

诺斯伍兹驯隼用具公司

NORTHWOODS FALCONRY EQUIPMENT

www.northwoodsfalconry.com

游隼基金会

THE PEREGRINE FUND

www.peregrinefund.org

猛禽研究中心

RAPTOR RESEARCH CENTER

http://rrc.boisestate.edu

猛禽研究基金会

RAPTOR RESEARCH FOUNDATION

http://biology.boisestate.edu/raptor

圣克鲁斯猛禽研究小组

SANTA CRUZ PREDATORY BIRD RESEARCH GROUP

www2.ucsc.edu/scpbrg

拯救猎隼组织

SAVE THE SAKER

www.savethesaker.com

新西兰翼展猛禽信托

WINGSPAN BIRD OF PREY TRUST, NEW ZEALAND

www.wingspan.co.nz

世界猛禽和猫头鹰工作组

WORLD WORKING GROUP ON BIRDS OF PREY AND OWLS

www.raptors-international.de

致 谢

我感谢丛书编辑 Jonathan Burt, 还有 Michael Leaman, Harry Gilonis, 以及为本书提供图片、照片和建议的朋友与同事：Tome Cade, Erin Gott, Nick Jardine, Rob Jenks, John Loft, James Macdonald, Tamsin Mather, Rob Ralley, Mark Sprevak, Roy Wilkinson 与 Charles Young。还要特别感谢为我这位外行研究者提供殷切协助的爱达荷州博伊西市驯隼术档案馆档案员 Colonel S Kent Carnie；大方地允许我使用其图片档案的 Nick Fox；提供中亚地区隼神话信息的 Eugene Patapov。剑桥耶稣学院、剑桥大学科学史和科学哲学系的威廉森基金会为复制照片提供了资金帮助。我还极为感谢 Christina McLeish 在整个写作过程中对我的支持。最后，对我极有耐心的父母致以特别的谢意，他们让一个小女孩的茶隼在卧房的书柜上过夜，虽然那里被搞得一塌糊涂。

文景

社 科 新 知　文 艺 新 潮

Horizon

隼

[英] 海伦·麦克唐纳　著

万迎朗　王萍　译

出 品 人：姚映然
策划编辑：朱艺星
责任编辑：朱艺星
营销编辑：高晓倩
装帧设计：3in

出　　品：北京世纪文景文化传播有限责任公司
　　　　　（北京朝阳区东土城路 8 号林达大厦 A 座 4A 100013）
出版发行：上海人民出版社
印　　刷：山东临沂新华印刷物流集团有限责任公司

开　本：850mm×1168mm 1/32
印　张：8.5　字　数：149,000　插　页：2
2025 年 6 月第 1 版　2025 年 6 月第 1 次印刷
定　价：72.00 元
ISBN：978-7-208-19393-2/I·2200

图书在版编目（CIP）数据

隼 /（英）海伦·麦克唐纳（Helen Macdonald）著；
万迎朗，王萍译 . -- 上海：上海人民出版社，2025.
ISBN 978-7-208-19393-2
Ⅰ . Q959.7-49
中国国家版本馆 CIP 数据核字第 2025UC7065 号

本书如有印装错误，请致电本社更换　010-52187586

社科新知　文艺新潮　｜　与文景相遇

微信公众号　　　　　微　博　　　　　　豆　瓣

bilibili　　　　　　　抖　音　　　　　　小红书